此著作由江苏高校哲学社会科学研究重大项目：
江苏绿色城镇化空间分异格局及协调发展机理研究
（编号：2019SJZDA057）资助

U0161673

江苏
绿色城镇化空间分异
及协调发展研究

李松霞 ◎ 著

中国财经出版传媒集团

经济科学出版社
Economic Science Press

图书在版编目（CIP）数据

江苏绿色城镇化空间分异及协调发展研究/李松霞
著 . —北京：经济科学出版社，2021. 11
ISBN 978 - 7 - 5218 - 3046 - 0

Ⅰ. ①江… Ⅱ. ①李… Ⅲ. ①城市化 - 城市规划 - 空
间规划 - 研究 - 江苏 Ⅳ. ①TU984. 253②F299. 2

中国版本图书馆 CIP 数据核字（2021）第 234454 号

策划编辑：李　雪
责任编辑：袁　溦
责任校对：徐　昕
责任印制：王世伟

江苏绿色城镇化空间分异及协调发展研究
李松霞　著
经济科学出版社出版、发行　新华书店经销
社址：北京市海淀区阜成路甲 28 号　邮编：100142
总编部电话：010 - 88191217　发行部电话：010 - 88191522
网址：www. esp. com. cn
电子邮箱：esp@ esp. com. cn
天猫网店：经济科学出版社旗舰店
网址：http：// jjkxcbs. tmall. com
北京季蜂印刷有限公司印装
880 × 1230　32 开　6. 625 印张　120000 字
2021 年 11 月第 1 版　2021 年 11 月第 1 次印刷
ISBN 978 - 7 - 5218 - 3046 - 0　定价：29. 00 元
（图书出现印装问题，本社负责调换。电话：010 - 88191510）
（版权所有　侵权必究　打击盗版　举报热线：010 - 88191661
QQ：2242791300　营销中心电话：010 - 88191537
电子邮箱：dbts@ esp. com. cn）

前　　言

自党的十八大提出生态文明建设以来，《国家新型城镇化规划（2014—2020)》也首次明确提出要发展"绿色城市"。2015 年 3 月发布的《中共中央国务院关于加快推进生态文明建设的意见》中首次提出要"大力推进绿色城镇化"。中共十八届五中全会（2015）进一步指出：实现"十三五"发展目标，必须牢固树立"创新、协调、绿色、开放、共享"发展的五大理念。党的十九大提出推进绿色发展，坚持节约资源和保护环境的基本国策，像对待生命一样对待生态环境，形成绿色发展方式和生活方式，坚定走生产发展、生活富裕、生态良好的文明发展道路。"坚持绿色发展""绿水青山就是金山银山""保护生态环境就是保护生产力"等新发展理念逐步深入人心，并成为全党全社会的共识和行动。2019 年政府工作报告和中央七次会议上分别又提出大力推动绿色发展和坚持走生态优先绿色发展的新路子。全国政协经济委员会副主任、中国发展研究基金会副理事长刘世锦在"2020 年城市发展论坛"

的演讲指出,"十四五"以及今后更长一个时期,绿色城镇化是中国绿色发展的主要载体和主战场。随着一系列政策理念的提出,城镇化的绿色转型成为当前和今后社会经济发展中的重要主题。

江苏作为我国东部沿海经济发达省份,是改革开放以来我国城市化推进速度最快的省份之一,综合城市化发展水平高于我国中西部省份,2019 年城镇化率达到 70.6%。但其固有的苏南、苏中、苏北地区在经济、城市化进程以及产业结构等发展梯度差距依然存在。人口膨胀、交通拥堵、环境恶化、住房紧张且房价居高不下等各种"城市病"也逐渐凸显出来,城市的生态和资源压力逐渐增大,其中比较突出的是水资源和土地资源问题;不少城市大搞空间扩张的"圈土运动";城市发展各自为政,都把经济发展作为其主要任务。城市化和工业化进程的快速推进,进一步加重了这些地区资源环境的负载,造成经济发展与生态环境之间的矛盾日益严重。未来中国打造经济的升级版,必须考虑的一个前置性条件,就是要使经济与社会发展呈现出绿色的气质,其中的一个重大战略部署就是绿色城镇化。因此,江苏城镇化面临转型升级,迫切需要把建设绿色城镇化提上日程。

基于此,本书根据可持续发展理论、城市化发展阶段理论、空间经济学理论和城市化空间发展基础理论以及中国城市化空间分异的基本规律，结合江苏城市发展区域特点和现实问题，科学界定绿色城镇化内涵，以江苏 13 个地级城市绿色城镇化发展水平为研究对象，从绿色人口、绿色经济、绿色社会和生态宜居四个维度建立绿色城镇化的评价指标体系，运用熵权法、空间探索性分析方法、协调模型和计量分析等方法，综合测度与评价，分析其空间分布特征、空间分异规律，以及各维度协调发展水平，并通过与我国其他省市绿色城镇化水平的比较分析，得出提升江苏绿色城镇化水平的路径与对策。

　　本书得出的主要结论如下：第一，苏南城市一直处于绿色城镇化发展水平的前列，江苏地区之间发展差距较大。绿色经济和绿色人口的发展是绿色城镇化发展的主要推动力。2005～2019 年，江苏 13 个地级市绿色城镇化表现出波动中有下降趋势的城市有南京、无锡、常州、镇江和泰州 5 市，呈上升趋势的城市是徐州、苏州、南通、连云港、淮安、盐城、扬州、宿迁 8 市。第二，江苏绿色城镇化呈明显的空间分异特征，绿色城镇化指数由南往北呈递减趋势。高水平地区包括南京、苏州和无锡，均位于经济发达的江苏南部。较高水平地区包括常州、镇江、扬州、南通 4 市位于江苏南部和中部。较低水平地区包括徐州和泰州，低分地区包括连云港、盐城、淮安和宿迁。除了泰州属于江苏中部外，其余 5 市均位于苏北。各维度层级特征明显。2005～2019 年，除了生态宜居维度外，苏南和苏北各维度空间分异层级固化，空间自相关特征显著，呈明显的空间集聚特征，形成了高—高（H－H）类型和低—低（L－L）类型的空间关联模式。第三，江苏 13 市绿色城镇化各维度整体处于失调阶段，且具有空间自相关特征。耦合协调度集聚特征明显，形成了高—高（H－H）类型区即热点区域主要集中在常州、镇江、苏州、无锡；而低—低（L－L）类型即冷点区域主要集中在淮安、宿迁。万人高等学校在校生数、人均公共图书馆藏书量、万人拥有公共厕所、万人互联网用户、万人拥有公共汽车、第三产业增加值、万人专利申请授权量、人均水资源量、人均绿地面积是其主要影响因素。第四，通过与其他省市比较分析可知，江苏绿色社会和生态宜居水平较低，今后江苏绿色城镇化的发展应该注重提升经济质量和效益，优化产业结构、依靠科技创新提高资源利用效率，发展绿色、低碳、循环经济，进一步提升人口素质，关注老龄化问题，城乡差距，就业及教育等民生问题。

在城市化快速发展的中后期，城市化应从供给侧角度向高质量绿色发展方向和层次转型。中国的城市化既不同于欧美的同步城市化，也不同于赶超国家的过度城市化。中国特色城市化统筹规划、合理布局和有序发展是中国特色社会主义经济治理方式和治理能力现代化的核心要义。

应尊重中国特色城市化发展的综合性、多样性和地域性特征，以城市群为主体，加强城镇体系和核心城市的极化增长和辐射带动综合效力，积极培育周边中小城市健康发展，实现大中小城市和小城镇协调发展的区域一体化空间新格局；为实现可持续发展目标，研究区域城市化过程、机制、变化趋势及未来情景，揭示城市空间格局演变及其驱动胁迫机理、资源环境效应，提升其发展质量，在一定程度上丰富和延伸城市化及城市群经济理论的研究内容。

李松霞

2021 年 10 月

目　　录

第一章

导　论

第一节　研究背景及意义

一、研究背景

2012 年，党的十八大提出生态文明建设，推动文化建设与经济建设、政治建设、社会建设以及生态文明建设协调发展。2012 年中央经济工作会议首次正式提出"走集约、智能、绿色、低碳的新型城镇化道路。"①《国家新型城镇化规划（2014—2020）》中首次明确提出要发展"绿色城市"。2015 年 3 月发布的《中共中央国务院关于加快推进生态文明建设的意见》中首次提出要

---

① 中央经济工作会议在北京举行［N］. 人民日报，2012 - 12 - 17.

"大力推进绿色城镇化",要求根据资源环境承载能力,构建科学合理的城镇化宏观布局。中共十八届五中全会(2015)进一步指出:实现"十三五"发展目标,必须牢固树立"创新、协调、绿色、开放、共享"发展的五大理念。党的十九大提出推进绿色发展,坚持节约资源和保护环境的基本国策,像对待生命一样对待生态环境,形成绿色发展方式和生活方式,坚定走生产发展、生活富裕、生态良好的文明发展道路。"绿水青山就是金山银山""生态优先,绿色发展""保护生态就是发展生产力"① 等新发展理念逐步深入人心,并成为全党全社会的共识和行动。2019 年政府工作报告和中央七次会议上分别又提出大力推动绿色发展和坚持走生态优先绿色发展的新路子。全国政协经济委员会副主任、中国发展研究基金会副理事长刘世锦在"2020 年城市发展论坛"演讲上指出,"十四五"以及今后更长一个时期,绿色城镇化是中国绿色发展的主要载体和主战场。随着一系列政策理念的提出,城镇化的绿色转型成为当前和今后社会经济发展中的重要主题。

随着工业化、城镇化水平的不断提高,带动了经济社

① 习近平. 共同构建人与自然生命共同体——在"领导人气候峰会"上的讲话 [N]. 人民日报,2021 – 04 – 23.

会的发展，也带来了城乡发展失衡、空间开发无序、土地
利用粗放低效、生态环境恶化等问题①。一方面，我国成
为世界第二大经济体，人民生活水平不断提高，环保意识
和追求品质生活的意识提升，更加关注生态环境对人类的
健康的影响；另一方面，我国快速城镇化带来的许多问
题，如城市过度蔓延、资源短缺、污染严重、环境恶化、
城市病突出等，严重影响了可持续发展，具体表现如下：

第一，城镇发展不平衡。少数大城市因承担功能过
多，产业高度集聚，导致城市规模快速扩张，房价偏高、
交通拥堵、环境污染等"城市病"凸显。而一些中小城市
和小城镇因基础设施和公共服务发展滞后，产业支撑不
足，就业岗位较少，经济社会发展后劲不足。从 2012 年
到 2016 年，21 个 300 万人以上大城市城区人口（含暂住
人口）增长 14.9%，建成区面积增长 21%，远高于全国
城镇平均增长速度。这期间，全国建制镇数量增长 5.3%，
其建成区人口仅增长 11%，建成区面积仅增长 6.9%②。

第二，农民工市民化任务依然繁重。由于人地挂钩、
人钱挂钩等政策尚未完全落地，多元化成本分担机制不完
善，市、区级地方政府推进农民工市民化的积极性还有待

---

① 肖金成，王丽."一带一路"倡议下绿色城镇化研究 [J]. 环境保
护，2017，45（6）：25-30.

② 数据来源：《中国统计年鉴 2013》《中国统计年鉴 2017》。

提高。2015 年以来，我国户籍人口城镇化率与常住人口城镇化率的差距连续 4 年维持在 16.2 个百分点左右。应根据国家发展改革委《2019 年新型城镇化建设重点任务》要求，积极推动已在城镇就业的农业转移人口落户。

第三，城镇发展特色不足。有的地方把城镇化简单等同于城市建设，贪大求快，脱离实际追求"第一高楼"，建宽马路、大广场，忽视城市精细管理和广大居民需求，忽视地方文化的传承创新和城市个性塑造，造成"千城一面""千楼一面"。在特色小城镇建设中，一些地方存在盲目跟风、借机搞房地产开发的倾向。

第四，消除城乡二元结构还需努力。我国城乡居民收入差距较大，2019 年城乡居民人均可支配收入之比仍达 2.7∶1①。一个重要原因是城乡一体化的土地市场尚未形成，农村资源变资本、变财富的渠道还不畅通。同时，城乡社会保障制度尚未完全并轨，实现城乡基本公共服务均等化任务还十分艰巨。进城落户农民承包地经营权、宅基地使用权和集体收益分配权"三权"退出机制不畅，缺乏自主退出的制度安排，也不利于农业人口有序转移②。

新型城镇化建设作为人类社会发展的客观趋势，是国

① 数据来源:《中国统计年鉴 2020》。
② 魏后凯. 新型城镇化建设要以提高质量为导向 [N]. 人民日报，2019 – 04 – 19.

家现代化的重要标志，推进绿色城镇化是新时代实现绿色发展的重要抓手，也是当前新型城镇化建设的新趋势，顺应了人类急需解决生态环境危机的时代要求，贯彻了党和国家对绿色发展理念的重要指示。绿色城镇化是新型城镇化的重要方向和目标，也是纠正传统城镇化过程中产生的多种城市问题的主要路径。要建设以人为核心的绿色城镇化，前提是要做到人口、就业、社会保障等要素的城镇化，推进农业转移人口市民化。高质量绿色城镇化注重以人为本、质量提升、内涵发展，追求经济效益、生态效益和社会效益的统一，走的是资源集约、环境友好、功能完善、社会和谐、城乡一体、大中小城市和小城镇协调发展的新型城镇化道路。

将绿色发展理念融入新型城镇化建设是一个长期的发展过程，不可能一蹴而就，也不是各个发展方面的简单组合，应该顺应绿色城镇化建设的大趋势，把握机遇，迎接挑战，从全局出发，推动绿色发展，促进人与自然和谐共生，探索一条具有中国特色的绿色城镇化发展道路①。

江苏省作为我国东部沿海经济发达省份，是改革开放以来我国城市化推进速度最快的省份之一，综合城市化发

---

① 吕军、洪泽宇. 新型城镇化需要注入绿色发展理念 [N]. 贵州日报, 2020 - 02 - 26.

展水平高于我国中西部省份，2019 年城镇化率达到 70.6%。但其固有的苏南、苏中、苏北地区在经济、城市化进程以及产业结构等发展梯度差距依然存在。人口膨胀、交通拥堵、环境恶化、住房紧张且房价居高不下等各种"城市病"也逐渐凸显出来，城市的生态和资源压力逐渐增大，其中比较突出的是水资源和土地资源问题；不少城市大搞空间扩张的"圈土运动"，乱占和滥用土地；城市发展各自为政，都把经济发展作为其主要任务。城市化和工业化进程的快速推进，进一步加重了这些地区资源环境的负载，造成经济发展与生态环境之间的矛盾日益严重。未来中国打造经济的升级版，必须考虑的一个前置性条件，就是要使经济与社会发展呈现出绿色的气质，其中的一个重大战略部署就是绿色城镇化①。因此，江苏城镇化面临转型升级，迫切需要把建设绿色城镇化提上日程。

二、研究意义

（一）绿色城镇化是绿色发展的起源和当今世界城市化的主流

首先，绿色发展理念的最早萌芽是针对传统城市化对

------

① 罗勇. 城镇化的绿色路径与生态指向 [J]. 辽宁大学学报（哲学社会科学版），2014，42（6）：84-89.

城镇自然生态环境的破坏。早在 1851 年，法国规划大师奥斯曼用 18 年时间对巴黎进行了充满绿意的城市改造；1898 年，英国城市社会学家霍华德明确提出了绿色"田园城市"构想，并从 20 世纪 30 年代开始就在伦敦、巴黎、东京等发达国家的城市规划中得到普遍运用。

其次，在当今世界，不仅绿色"田园城市"仍是各国城市普遍追求的理想目标，而且绿色城镇化已成为城市化的主流。欧美国家从 20 世纪 90 年代起广泛掀起的绿色发展运动，是以绿色城镇建设为主调，从单一的绿色经济不断向城镇化的绿色建筑、能源、交通、制造、服务、消费和社会政治文化等各个方面深化，并沿着单一的绿色城市、低碳城市、生态城市、宜居城市不断向生产方式、生活方式及社会管理全面绿色城镇化过程演进。

（二）绿色城镇化是当今中国乃至世界绿色发展的关键性命题

中国城镇化当前正处在加速发展阶段。不仅是推动中国社会经济发展的引擎，而且，能否实现绿色发展也是影响中国乃至全球人类发展进程的重大事件。因此诺贝尔经济学奖获得者约瑟夫·斯蒂格利茨认为，中国的城镇化是21 世纪影响人类进程的两件大事之一（另一件是以美国为主导的新技术革命）。

（三）绿色城镇化是可持续发展的生态环境保护理念，是迎合当前国家碳达峰和碳中和的策略

新型城镇化建设作为人类社会发展的客观趋势，是国家现代化的重要标志，推进绿色城镇化是新时代实现绿色发展的重要抓手，也是当前新型城镇化建设的新趋势，顺应了人类急需解决生态环境危机的时代要求，贯彻了党和国家对绿色发展理念的重要指示。江苏作为东部经济发达区域，促进长三角一体化可持续发展，在推动新型城镇化建设上亟须注入绿色发展理念。

第二节　国内外研究动态或综述

一、国外研究综述

发达国家早先经历过城镇化过程中出现的严重社会和环境问题。工业革命之后，城市成为社会经济发展的引擎，但同时也是主要环境问题产生的核心原因。工业革命推动城市的快速发展，城市人口大量增加、城市基础设施和公共服务供给不足、生态环境遭到破坏、交通拥挤、公共卫生环境治理水平下降都曾困扰西方城市发展，生态经济、循环经济、绿色产业等概念应运而生（OECD，2013b；

Perinoetal，2014）①②。20 世纪 80 年代开始重视生态环境，20 世纪 90 年代后，"绿色"理念逐渐渗透到绿色规划、绿色生产、绿色流通、绿色消费等多个领域（OECD，2013b；Qureshietal，2013）③。越来越多的国家和城市开始注重环保、绿色、低碳的城市发展。

（一）国外绿色城镇化思想的发展

国外城镇化绿色发展的早期萌芽始于古希腊和古埃及时期。1898 年英国学者埃比尼泽·霍华德针对城市扩张带来的环境问题，提出"田园城市"的设想④⑤，这被看作现代绿色城镇化的开端。

20 世纪 20 ~ 80 年代，在霍·华德思想的影响下，城镇化发展中开始引入生态学思想，创立了城市生态学。1971 年，联合国教科文组织制订的"人与生物圈"

---

① OECD. Green Growth in Stockholm［R］. Sweden：OECD Publishing，2013b.

② Perino，G.，B. Andrews and A. Kontoleon，et al. The Value of Urban Green Space in Britain：A Methodological Framework for Spatially Referenced Benefit Transfer［J］. Environmental and Resource Economics，2014，57（2）：251 – 272.

③ Qureshi，S.，J. H. Breuste and C. Y. Jim. Differential Community and the Perception of Urban Green Spaces and Their Contents in the Megacity of Karachi，Pakistan［J］. Urban Ecosystems，2013，16（4）：853 – 870.

④ Ebenezer Howard. Tomorrow：A Peaceful Path to Real Reform［M］. Swan Sonnenschein，1898：1.

⑤ 埃比尼泽·霍华德. 明日的田园城市［M］. 金经元，译. 北京：商务印书馆，2000.

（MAB）研究计划中第 10 个项目与第 11 个项目使得从生态学角度研究城镇化问题得到具体反映，确定了城镇化研究以生态学为方向。1972 年，联合国人类环境会议宣言指出，人的定居和城市化工作必须加以规划，以避免对环境的不良影响，并为大家取得社会、经济和环境三方面的最大利益。贝瑞和卡萨达（1977）提出了"当代城市生态"，强调"相互依赖"，以及根据生态原理规划和建设城市，延续了芝加哥学派的传统并超越了它[①]。城镇化注重与自然的融合，绿色城镇化思想开始启蒙。

20 世纪 80 年代后，生态环境与经济可持续发展思潮进一步高涨，绿色概念全方位渗透。1981 年，苏联城市生态学家亚尼茨基（O. Yanitsky）提出了生态城市的理想模式[②]。1987 年，美国生态学家理查德·瑞杰斯特（R. Register）认为生态城市体现了城镇化发展中重视环境、人与自然和谐的理念[③]。1990 年，由理查德·瑞杰斯特发起第一届生态城市国际会议提出在生态原则上重构城市的目标，并在 1996 年完善了生态城市原则。1993 年，多米尼斯基提出

[①] Berry, B. and Kasarda, J. Contemporary urban ecology [M]. New York: Macmillan Publishing Co, 1977.

[②] Oleg N. Yanitsky. The Ecological Movement in Post-totalitarian Russia: Some Conceptual Issues [J]. Society and Natural Resources, 1996, 9 (1): 65 –76.

[③] Richard Register. Ecocity Berkeley: Building Cities for a Healthy Future [M]. CA: North Atlantic Books, 1987.

了被称为 3R 原则的城市发展三步走模式，即减少物质消费（reduce）、重新利用（reuse）、循环回收（recycle），从而体现了在生产、流通、消费中的绿色思想。2002 年，第五届生态城市国际会议发表了《生态城市建设深圳宣言》，此宣言成为指导各国建设生态城市的具体行动计划。绿色生态研究已成为城镇发展的中心地位[①]。

（二）绿色城镇化相关理论

早期霍华德的田园城市理论和芝加哥学派为代表的城市生态学，相关的研究从城市景观和生态等方面为绿色城镇化提供了一定程度的理论基础（Lawleretal.，2014；Turvey，2015）[②③]。2000 年，美国学者蒂姆西·比特利在总结欧洲城市可持续发展的实践基础上提出"绿色城镇化"发展理念。2005 年，联合国环境规划署与会代表共同签署的《绿色城市宣言》提出绿色城市不仅应注重自然保护生态平衡，而且应注重人类健康和文化发展。2006 年，"第二届亚

---

① 李明泽. 中国绿色城镇化发展研究——以中证绿色城镇化指数为视角 [J]. 社科纵横，2014，29（11）：49 – 51.

② Lawler，J. J.，D. J. Lewis and E. Nelson，et al. Projected Land-use Change Impacts on Ecosystem Services in the United States [J]. Proceedings of the National Academy of Sciences of the United States of America，2014，111（20）：7492 – 7497.

③ Turvey，R. A. Researching Green Development and Sustainable Communities in Small Urban Municipalities [J]. International Journal of Society Systems Science，2015，7（1）：68 – 86.

洲人居环境国际峰会"与会代表共同签署《绿色亚洲人居宣言》提出，绿色代表生命、健康和活力，代表节约资源、环境保护和可持续发展。21 世纪初期，国际社会包括经济合作与发展组织（OECD）、联合国开发计划署（UNDP）等国际组织相继提出绿色增长的观点（Herrmann，2014；Turvey，2015）①，希望在实现经济发展的同时，摆脱经济增长和环境恶化的耦合过程，保持能源和环境的可持续性，并同时关注社会公平，降低贫困，实现社会包容性发展。

西方国家绿色城镇化研究是伴随"绿色城市主义"兴起而展开的②，突出城市绿色变革与转型，涉及"绿墙"③、可持续住宅④、绿色建筑⑤、绿色城市规划⑥等方面研究。

---

① Herrmann, M. The Challenge of Sustainable Development and the Imperative of Green and Inclusive Economic Growth [J]. Modern Economy, 2014, 5 (2): 113 –119.

② 蒂莫西·比特利. 绿色城市主义——欧洲城市的经验 [M]. 邹越, 李吉涛, 译. 北京: 中国建筑工业出版社, 2011.

③ Gandy M. The ecological facades of Patrick Blanc [J]. Architectural Design, 2010 (3): 28 –33.

④ Nessa Winston, Montserrat Pareja Eastaway. Sustainable Housing in the Urban Context: International Sustainable Development Indicator Sets and Housing [J]. Social Indicators Research, 2008 (2): 211 –221.

⑤ Jiaying Teng, Wei Zhang, Xianguo Wu, et al. Overcoming the barriers for the development of green building certification in China [J]. Journal of Housing and the Built Environment, 2016, 31 (1): 69 –92.

⑥ Christine Haaland, Cecil Konijnendijk van den Bosch. Challenges and strategies for urban green-space planning in cities undergoing densification: A review [J]. Urban Forestry and Urban Greening, 2015 (4): 760 –771.

（三）绿色城镇化模式

国外绿色城镇的发展在不断地总结与改进中也已形成各具特色的实践模式。

英国生态城镇建设模式。实践霍华德（1898）的田园城市理念；全国范围推进生态城镇建设。与工业化同步推进城镇化；推进基于可持续标准的城镇规划，构建可持续型社区；社会生产全过程实施环保与碳排放控制；绿色交通先行，高度重视绿地系统管理。

美国新城镇主义与"精明增长"模式，二战前美国城市设计的理念与现代环保、节能的设计原理结合起来。推行体现地方特色，将自然文化资源保护、开发同社区设计、开发和复兴紧密结合的生态城镇；提倡具有人文关怀、用地集约、适合步行的居住环境；城镇化过程注意近期和远期的生态完整性以及提高生活质量。

德国大中城市和小城镇均衡可持续发展模式。重视构建可持续绿色交通，统筹推进可持续的乡村城镇化。在国家、区域层次上加强公共交通建设的协调与投资；通过价格限制和汽车技术革新改变对小汽车的依赖；鼓励混合居住区的开发，减少车辆交通出行距离和次数；实施有偿使用政策控制对农业用地和开放空间的消耗。

奥地利"最宜居"城镇。重视环保投入，打造绿色化环保城镇。城市规划中确保实现"绿化建设"要求；实施严格的污染防治政策；优先发展公交，控制机动车使用率；推进"城市矿山"资源化循环利用及处置处理。

日本生态城镇建设。实施城市、区域和环境协同规划。重视环境战略制订及其在城镇化中的先导作用；推进生态工业园建设，大力发展"静脉产业"；实现建筑低碳化，推进低碳生活[1][2]。

（四）城镇绿色发展采取的实践措施

英国政府基于工业和城镇人口的快速集聚所带来的严重的环境污染以及城镇基础设施和公共服务的严重滞后问题，通过法律手段，颁布了《公共卫生法》《环境卫生法》等多项法案，对城镇环境污染和公共卫生做出法律约束和要求；另外，实施逆城市化行动，发展大中城市周边的小城镇，缓解大城市的压力[3]。

法国是世界上最早提出卫星城市和绿色城镇化等理念的国家。1930 年，法国建筑大师勒柯布西耶最早提出了"绿色城市"这一概念。法国从绿色基础设施建设、发展有责任的消费方式、生态社区建设等多方面进行了绿色城

---

① 董战峰，杨春玉，吴琼，等. 中国新型绿色城镇化战略框架研究 [J]. 生态经济，2014，30（2）：79 – 81，92.

② 李明泽. 中国绿色城镇化发展研究——以中证绿色城镇化指数为视角 [J]. 社科纵横，2014，29（11）：49 – 51.

③ 温鹏飞，刘志坚，郭文炯. 绿色城镇化国内研究综述 [J]. 经济师，2016（11）：60 – 63.

市化的实践。法国在绿色经济发展中高度关注资源有效利用、能源、环境等问题，并且加强政府、企业和社会等多方力量的合作关系。2007 年 10 月，法国提出《格勒内勒环保倡议》的环境政策。2009 年、2010 年颁行了"新环保法案"1 号法律和 2 号法律等①。

美国面对城镇的无序蔓延、严重的土地资源浪费以及生态环境的破坏，在 20 世纪末提出了土地利用紧凑化、鼓励公共交通等"精明增长"理念。

拉美国家通过一系列的政策，如优先发展公共交通，加大对环保科学的研究和环保产业的投入，改善能源消费结构，减少对石油的依赖程度。

亚洲以城镇群建设为载体，提高公共基础设施的利用效率。充分利用可再生能源和新能源技术改善城镇化过程带来的环境污染；改善贫困地区的基础设施和环境卫生状况；强调公共财政透明度，建立健全政府官员问责制等。

二、国内文献综述

随着党的十八大召开和《国家新型城镇化规划（2014～

---

① 魏南枝，黄平. 法国的绿色城市化与可持续发展 [J]. 欧洲研究，2015（5）：117 – 130.

2020 年)》的发布，绿色城镇化理念在国内的研究热度才开始提升。

（一）绿色城镇化内涵与特征

魏后凯（2011）等认为绿色城镇化具有低消耗、低排放、高效有序的基本特征，是一种城镇集约开发与绿色发展相结合，城镇人口、经济与资源、环境相协调，资源节约、低碳减排、环境友好、经济高效的新型城镇化模式（绿色城镇化道路），集中体现全面协调可持续的科学发展理念[①]。冯奎等（2016）提出绿色城镇化是在人口、产业、土地、地域空间等发生转变的过程中注重社会、经济与环境协同发展的城镇化模式。它以资源节约、环境友好、低碳减排、经济高效为主要特征，以可持续发展为基本原则，以集约高效为约束条件，以高新科技为技术手段，旨在实现环境与经济的共融共生[②]。沈清基（2013）以生态学观点指导绿色城镇化的发展，认为绿色城镇化发展应符合生态发展规律，使城市发展与自然环境相互依存，在绿色城镇化发展中兼顾宏观与微观发展，充分利用资源环境，通过循环可再生发展提高生态环境发展质量，

---

① 魏后凯，张燕. 全面推进中国城镇化绿色转型的思路与举措 [J]. 经济纵横，2011（9）：15－19.

② 冯奎，贾璐宇. 我国绿色城镇化的发展方向与政策重点 [J]. 经济纵横，2016（7）：27－32.

通过节约来减少环境污染，维护城镇化发展与资源环境相适应与补偿，不超过资源环境的承载力。绿色城镇化具有健康性、生态性、和谐性的特征。认为将"经济高效"作为绿色城镇化的内涵之一值得商榷①。新型城镇化建设课题组（2014）提出绿色城镇化主要包括四个方面内涵：资源节约、环境友好、生态宜居和文化传承②。罗勇（2014）认为绿色城镇化是一种以提高生产生活质量为核心的内涵式发展进程，包括经济绿色化、社会绿色进步、生态环境好转、建设生态城市③。温鹏飞（2016）等认为绿色城镇化是指城镇发展与绿色发展相结合，城镇的社会和经济发展与其自身的资源供应能力和生态环境容量相协调④。肖金成（2017）等提出绿色城镇化就是充分尊重自然规律、经济规律和社会发展规律，保证产业发展、城市建设、人类活动不对生态环境造成破坏及重要影响。绿色城镇化包括产业的绿色化、发展绿色产业和建设

---

① 沈清基，顾贤荣. 绿色城镇化发展若干重要问题思考 [J]. 建设科学，2013 (5)：50－53.

② 新型城镇化建设课题组. 走绿色城镇化道路——新型城镇化建议之五 [J]. 宏观经济管理，2014 (8)：37，41.

③ 罗勇. 城镇化的绿色路径与生态指向 [J]. 辽宁大学学报（哲学社会科学版），2014，42 (6)：84－89.

④ 温鹏飞，刘志坚，郭文炯. 绿色城镇化国内研究综述 [J]. 经济师，2016 (11)：60－63.

生态城市①。杨振山等（2018）认为绿色城镇化是中国在城镇建设从量变到质变转变过程中提出的新发展战略，是转变过去粗放的城镇化发展方式，实现城镇人口、经济与资源、环境相协调的新型城镇化模式②。张贡生（2018）认为绿色城镇化区别于传统的高耗能、高污染、高排放、外延式发展的城镇化模式，是以"以人为本"为出发点和归宿，生态环境承载力为约束和前提，绿色城市群建设为主体形态，绿色循环低碳产业为核心，进而实现人口、经济、社会、资源环境协调发展的新型城镇化模式③。高红贵（2013）认为绿色城镇化最本质、最核心、最关键的是人的城镇化，在城镇化发展过程中必须提高个人素质与生活质量④。张晶和张哲思（2014）认为，绿色城镇化包含了经济低碳化、环境友好化和社会包容化等多重含义。⑤ 徐维祥等（2016）把绿色城镇化理解为城镇

---

① 肖金成，王丽."一带一路"倡议下绿色城镇化研究［J］.环境保护，2017，45（6）：25-30.

② 杨振山，程哲，李梦垚，林静.绿色城镇化：国际经验与启示［J］.城市与环境研究，2018（1）：65-77.

③ 张贡生.中国绿色城镇化：框架及路径选择［J］.哈尔滨工业大学学报（社会科学版），2018，20（3）：123-131.

④ 高红贵，汪成.略论生态文明的绿色城镇化［J］.中国人口·资源与环境，2013（23）：12-15.

⑤ 张晶，张哲思.我国绿色城镇化的路径探索［J］.环球人文地理，2014（22）：120-121.

化效率，从投入产出角度测评长三角 41 个城市的绿色城镇化[①]。

（二）绿色城镇化战略框架研究

刘肇军（2008）通过分析贵州省生态文明建设中的城镇化问题，提出了适合贵州省情和发展需要的绿色城镇化发展框架[②]。董战峰等（2014）提出六大领域和六个关键问题的中国新型绿色城镇化战略架构，认为我国绿色城镇化发展的战略框架应该从建设中国特色的新型城镇化出发，兼顾城镇发展中自然环境的保护、生态文化的普及、绿色低碳生活的推行以及产业生态化的发展，积极建设生态型人居及基础设施。推进实施城镇生态环境总体规划，重视科研创新对绿色城镇化发展的科技支撑功能，积极在浙江、贵州等基础好的地区推进绿色城镇化试点等[③]。徐维祥（2016）认为绿色的本质是效率问题。从投入产出角度构建绿色城镇化框架[④]。张贡生（2018）提出以人为本为本质所在，两横三纵空间格局为骨架，绿色

---

①④　徐维祥，张凌燕，刘程军，李露，张一驰. 绿色城镇化的空间演化特征及动力机制——以长三角城市群为例 [J]. 浙江工业大学学报（社会科学版），2016，15（4）：361–368.

②　刘肇军. 贵州生态文明建设中的绿色城镇化问题研究 [J]. 城市发展研究，2008，15（3）：96–99.

③　董战峰，杨春玉，吴琼，高玲，葛察忠. 中国新型绿色城镇化战略框架研究 [J]. 生态经济，2014，30（2）：79–81，92.

城市群为主体形态和支点，绿色产业为内核，绿色制度为保障手段①。

（三）绿色城镇化指标体系

宋慧琳和彭迪云（2016）构建了以人口转移、经济发展、生态环境、城乡统筹、基本公共服务均等化为一级指标的绿色城镇化测度指标体系②。李为和伍世代（2016）从多指标评价系统构建绿色化与城镇化动态耦合模型，阐释了绿色化与城镇化耦合互动机理③。徐维祥（2016）建立绿色城镇化的投入产出指标体系④。邹荟霞（2017；2018）从经济发展、社会进步、生态环境良好和绿色城市建设四方面建立绿色城镇化指标体系分别对山东和我国地级市进行分析测度⑤⑥。肖金成等（2017）从集聚集约、城市绿化、污染物处理等方面，选取人口密度、每万人拥

① 张贡生. 中国绿色城镇化：框架及路径选择 ［J］. 哈尔滨工业大学学报（社会科学版），2018，20（3）：123－131.

② 宋慧琳，彭迪云. 绿色城镇化测度指标体系及其评价应用研究——以江西省为例 ［J］. 金融与经济，2016（7）：4－9，15.

③ 李为，伍世代. 绿色化与城镇化动态耦合探析——以福建省为例 ［J］. 福建师范大学学报（哲学社会科学版），2016（4）：1－8

④ 徐维祥，张凌燕，刘程军，李露，张一驰. 绿色城镇化的空间演化特征及动力机制——以长三角城市群为例 ［J］. 浙江工业大学学报（社会科学版），2016，15（4）：361－368.

⑤ 邹荟霞，任建兰，刘凯. 中国地级市绿色城镇化时空格局演变 ［J］. 城市问题，2018（7）：13－20.

⑥ 邹荟霞，刘凯，任建兰. 山东省绿色城镇化时空格局演变 ［J］. 世界地理研究，2017，26（5）：78－85.

有公共汽车、人均城市道路面积、建成区绿化覆盖率、污水处理厂集中处理率、生活垃圾无害化处理率等单一指标，研究我国"一带一路"节点城市的绿色城镇化发展情况[①]。李晓燕（2015）认为绿色城镇化要寻求人口、生态、经济与社会的协调发展[②]。

（四）绿色城镇化空间分异研究

徐维祥（2016）等基于新经济地理学的视角分析了绿色城镇化整体呈现出长三角西部边陲地区的热点"双核心"空间结构和内陆城市单极的冷点集聚区，经济基础与绿色城镇化成 U 型关系[③]。邹荟霞（2017）山东地级市城镇化格局呈现东高西低的格局，县域层级差距有缩小趋势[④]。邹荟霞（2018）等对我国绿色城镇化时空格局进行实证分析得出经济发达地区绿色城镇化水平增长较快，经济落后地区绿色城镇化水平负增长，沿海到内陆整体逐渐降低[⑤]。

---

① 肖金成，王丽."一带一路"倡议下绿色城镇化研究 [J]. 环境保护，2017，45（6）：25－30.

② 李晓燕. 中原经济区新型城镇化评价研究——基于生态文明视角 [J]. 华北水利水电大学学报，2015（4）：69－73.

③ 徐维祥，张凌燕，刘程军，李露，张一驰. 绿色城镇化的空间演化特征及动力机制——以长三角城市群为例 [J]. 浙江工业大学学报（社会科学版），2016，15（4）：361－368.

④ 邹荟霞，刘凯，任建兰. 山东省绿色城镇化时空格局演变 [J]. 世界地理研究，2017，26（5）：78－85.

⑤ 邹荟霞，任建兰，刘凯. 中国地级市绿色城镇化时空格局演变 [J]. 城市问题，2018（7）：13－20.

（五）绿色城镇化模式研究

1. 产城融合视角探讨

田文富（2016）在分析绿色城镇化模式、结构与特征的基础上，提出"产城人"多维融合是绿色城镇化的发展模式①。黄安胜（2013）认为要实现绿色城镇化发展必须以产业发展作为支撑，带动人口城镇化发展与土地城镇化发展②。孙久文和闫昊生（2015）指出绿色城镇化要以绿色产业化为基础，实行产城融合模式③。

2. 人城融合角度探讨

岳文海（2013）认为要走民生型城镇化发展道路，共享城镇化发展成果④。罗勇（2014）认为绿色城镇化发展应该回馈于民生领域，大力推进基本公共服务与设施的均等化，鼓励与支持绿色就业⑤。

① 田文富."产城人"融合发展的绿色城镇化模式研究 [J]. 学习论坛, 2016, 32（3）：37-39.
② 黄安胜, 徐佳贤. 工业化、信息化、城镇化、农业现代化发展水平评价研究 [J]. 福州大学学报（哲学社会科学版）. 2013, 27（6）：28-33.
③ 孙久文, 闫昊生. 城镇化与产业化协同发展研究 [J]. 中国国情国力, 2015（6）：24-26.
④ 岳文海. 新型城镇化发展的依据、作用及政策——以河南省为例 [J]. 学习月刊, 2013（22）：20-21.
⑤ 罗勇. 城镇化的绿色路径与生态指向 [J]. 辽宁大学学报（哲学社会科学版）, 2014, 42（6）：84-89.

3. 经济发展、社会民生、生态环境、人文地理等多位一体角度研究

倪鹏飞（2013）认为城镇化必须走以人口城镇化为核心内容，以信息化、农业产业化和新型工业化为动力，以"政府引导，市场运作"为机制保障的发展道路①。沈清基（2013）认为绿色城镇化是指城镇发展与绿色发展紧密结合，城镇的社会和经济发展与其自身的资源供应能力和生态环境容量相协调，具有生态环境可持续性、人的发展文明性、城镇发展健康性等特征的城镇发展模式及路径②。单卓然和黄亚平（2013）认为新型城镇化包括民生的城镇化、可持续发展的城镇化和质量的城镇化，应从统筹协调、转型升级、生态文明、集聚紧凑四类规划策略方面推行新型城镇化发展的模式③。胡必亮（2013）认为，新型城镇化要综合考虑自然资源、经济增长、生态环境、社会发展、空间结构和城市创新这六大系统因素，实行资源有效利用、经济持续增长、环境友好保护、社会公平和谐、空间结构合理、智慧城市创建的综合性的城镇化

① 倪鹏飞. 新型城镇化的基本模式、具体路径与推进对策［J］. 江海学刊，2013（1）：87-94.

② 沈清基，顾贤荣. 绿色城镇化发展若干重要问题思考［J］. 建设科学，2013（5）：50-53.

③ 单卓然，黄亚平. "新型城镇化"概念内涵、目标内容、规划策略及认知误区解析［J］. 城市规划学刊，2013（2）：34-35.

发展模式①。

(六) 绿色城镇化动力机制

徐维祥 (2016) 运用空间 Tobit 模型等方法对长三角绿色城镇化的动力机制实证分析得出：经济基础与绿色城镇化成 U 型关系，教育投资、政府导向是驱动力量，而效率驱动是制约因素②。

(七) 绿色城镇化对策建议及发展路径研究

冯奎和贾璐宇 (2016) 认为应从产业政策、金融政策、财政政策和社会政策等方面推进绿色城镇化建设③。董泊 (2014) 提出应从规划、建设、管理等各个层面多管齐下推进绿色城镇化④。张晶和张哲思 (2014) 指出科技创新是实现绿色城镇化的保障⑤。洪大用 (2014) 从理念导向、制度建设、规划设计、公众参与、模式选择、污染治理、资金投入等方面提出了绿色城镇化的对策建议，认

---

① 胡必亮. 论"六位一体"的新型城镇化道路 [N]. 光明日报, 2013 - 07 - 01.

② 徐维祥，张凌燕，刘程军，李露，张一驰. 绿色城镇化的空间演化特征及动力机制——以长三角城市群为例 [J]. 浙江工业大学学报 (社会科学版), 2016, 15 (4)：361 - 368.

③ 冯奎，贾璐宇. 我国绿色城镇化的发展方向与政策重点 [J]. 经济纵横, 2016 (7)：27 - 32.

④ 董泊. 关于实施绿色城镇化的探讨——以天津市汉沽区大田镇为例 [J]. 天津城建大学学报, 2014 (2)：111 - 113.

⑤ 张晶，张哲思. 我国绿色城镇化的路径探索 [J]. 环球人文地理, 2014 (22)：120 - 121.

为应通过制度手段推进绿色城镇化建设，对城镇化发展中面临的资源环境问题不仅要关注物质层面的污染加剧，也应注意社会层面的两极分化矛盾加剧[1]。李佐军和盛三化（2014）从我国城镇化的资源环境问题出发，提出应建立生态文明制度体系，以制度保护环境。包括资源节约方面的制度和环境保护方面的制度。推进与城镇化建设配套的制度改革，为绿色城镇化消除障碍。主要包括户籍制度改革、土地制度改革、财税和投融资制度改革、城乡福利制度改革和行政区划制度改革[2]。任克强和聂伟（2014）认为绿色城镇化发展中环境问题是要解决的主要问题，应从城镇化发展的每一个环节如规划、资金投入、现有环境问题的治理以及社会监督和体制机制等出发，系统性地解决城镇化中的环境问题，尤其是雾霾和水污染的问题[3]。高红贵和汪成（2014）提出应强化政府在绿色城镇化过程中对生态资产的管理，积极稳妥地推进城乡一体化，要按照人口、资源、环境与经济协调统一的原则，调整生产空间、生活空间和生态空间，建立严格的资源开发与保护制度，资源有偿

---

① 洪大用. 绿色城镇化进程中的资源环境问题研究 [J]. 环境保护, 2014, 42 (7): 19 – 23.

② 李佐军, 盛三化. 建立生态文明制度体系推进绿色城镇化进程 [J]. 经济纵横, 2014 (1): 39 – 43.

③ 任克强, 聂伟. 环境危机治理与绿色城镇化发展 [J]. 重庆社会科学, 2014 (8): 15 – 22.

使用制度和生态补偿制度①。总体而言,目前的研究和实践仍处于碎片化、阶段化、单一化态势,缺乏系统的全域的多维度的建构和落实。新型城镇化绿色发展是城镇化不得不从高碳经济转向低碳经济的一个必然选择②。绿色发展是绿色城镇化的基础,是一种发展范式的深刻转变,需要政府和市场共同推动③。作为生态文明建设重要内容的绿色城镇化,离不开绿色生态城市理论体系的完善④。

(八) 绿色城镇化其他视角研究

李明泽 (2014) 对绿色城镇化企业的研究⑤。汪泽波 (2017) 基于内生增长理论探讨分析实现绿色城市化发展的路径⑥。

述评:总体而言,目前我国关于绿色城镇化的研究尚

---

① 高红贵,汪成. 略论生态文明的绿色城镇化 [J]. 中国人口·资源与环境, 2013 (23): 12 - 15.

② 莫神星,张平. 新型城镇化绿色发展面临的几个重要问题及应对之策 [J]. 兰州学刊, 2021 (1): 152 - 167.

③ 张永生. 基于生态文明推进中国绿色城镇化转型——中国环境与发展国际合作委员会专题政策研究报告 [J]. 中国人口·资源与环境, 2020, 30 (10): 19 - 27.

④ 杜海龙,李迅,李冰. 绿色生态城市理论探索与系统模型构建 [J]. 城市发展研究, 2020, 27 (10): 1 - 8, 140.

⑤ 李明泽. 中国绿色城镇化发展研究——以中证绿色城镇化指数为视角 [J]. 社科纵横, 2014, 29 (11): 49 - 51.

⑥ 汪泽波,陆军,王鸿雁. 如何实现绿色城镇化发展?——基于内生经济增长理论分析 [J]. 北京理工大学学报 (社会科学版), 2017, 19 (3): 43 - 56.

处于探索阶段，已有成果主要是对绿色城镇化的内涵、模式、路径、对策建议等理论层面的定性研究，并在绿色城镇化有别于传统城镇化，以人为本以及人口、经济、社会、资源环境协调发展等方面达成共识。而定量研究尤其是绿色城镇化协调发展及成因等方面的研究较少。

（1）现有研究从不同视角研究绿色城镇化发展问题，缺少对绿色城镇化这一新概念内涵的辨析及系统梳理。（2）现有绿色城镇化发展研究主题、框架及指标方面不够完善，需要进一步拓展研究。（3）还没有研究涉及长三角一体化战略背景下江苏绿色城镇化的测量问题。（4）新时代长三角一体化战略下江苏绿色城镇化的影响因素及协调机理需要探究。依据"内涵界定＋测量＋协调机理＋影响因素剖解"的研究视角，全面揭示江苏绿色城镇化进程及动态演变特征，剖析其绿色城镇化发展的影响因素，为同类研究提供视角参考，为决策部门提供经验参考。

第三节 研究思路与内容

一、研究思路

首先，在总结国内外已有绿色城镇化理论研究基础上，结合我国及江苏城镇化发展实际，分析绿色城镇化的内涵及外延，建立绿色城镇化指标体系，量化测评江苏13个地级市的绿色城镇化水平；其次，研究其时空分异格局、空间关联结构，得出13个地级市绿色城镇化发展的差异及其原因，提出城镇化发展模式或策略及其科学依据、实施策略；最后，分析影响江苏绿色城镇化协调发展的因素，提出相应对策建议。

二、研究内容

本书围绕江苏绿色城镇化问题从以下几方面展开研究；（1）绿色城镇化分析理论及研究方法；（2）江苏城镇化发展现状分析及问题研判；（3）江苏绿色城镇化的测度与评价；（4）江苏绿色城镇化整体及分维的时空分异格局；（5）江苏绿色城镇化整体及分维的空间关联效应分析；（6）江苏绿色城镇化四维度协调发展并分析其影响因素；（7）提出江苏绿色城镇化发展路径及对策。

本书总体研究框架由以下六个部分组成：

第一部分：绿色城镇化、空间分异理论及协调发展理论基础、研究方法（包含第一、第二章）。

（1）科学界定绿色城镇化内涵、空间分异概念、协调发展概念；（2）构建绿色城镇化协调发展的理论研究框架，为下面研究奠定理论基础。

第二部分：江苏绿色城镇化空间分异现状格局（包含

第三、第四章)。

（1）基于空间分异格局理论，运用自然断点法；（2）以生态文明建设为导向，绿色发展理念及国家政策为目标，在已有研究基础上系统建立绿色城镇化多维度综合测度指标并进行总体评价；（3）测度分析江苏绿色城镇化整体及分维空间分异状态、分异程度、分异类型，判断其发展阶段，达到"浅绿、中绿还是深绿"；（4）探索江苏绿色城镇化空间分异格局及特征。

第三部分：江苏绿色城镇化空间关联效应分析（包含第五章）。

（1）采用探索性空间分析理论及方法；（2）对江苏13个地级市绿色城镇化整体空间关联性进行分析；（3）绿色城镇化分维度空间关联性分析，探寻整体及分维的空间分异特征及规律。

第四部分：江苏绿色城镇化协调发展研究（包含第六章）。

（1）基于上述实证分析，理论分析绿色城镇化及各维度的相互作用机理；（2）基于空间计量模型构建绿色城镇化及各维度协调发展的影响因素模型，绿色城镇化耦合协调指数为被解释变量，分维度权重前两名的相关指标为解释变量，验证协调发展影响因素，得出影响和决定绿色城镇化协调发展的影响程度和关键因子。

第五部分：江苏与我国其他省市绿色城镇化发展水平的比较（包含第七章）。

基于绿色城镇化内涵，建立包括绿色人口、绿色经济、绿色社会和生态宜居 4 个维度的综合评价指标体系。采用综合指数法、探索性空间数据分析及回归分析等方法对我国 31 省区市（不含港澳台地区）的绿色城镇化发展水平进行综合测度评价及横向比较分析，并对其空间分异特征及影响因素进行了定量分析。

第六部分：提升江苏绿色城镇化发展的对策建议（包含第八章）。

以前述实证分析为基础，结合绿色发展理念与国家政策、发展战略的集成等，探索有利于江苏绿色城镇化发展的城市空间结构优化方案、城市管理格局优化方案，绿色城镇化发展路径模式，深入研究江苏绿色城镇化协调发展对策等。

第四节 研究方法与技术路线

一、研究方法

第一，系统分析法。绿色城镇化是研究城镇人口、经济与资源、环境相协调，资源节约、低碳减排、环境友好、经济高效等一系列复杂的多维度的系统的综合分析，必须采用系统分析的方法。

第二，比较分析法。一是纵向比较，通过对不同时期绿色城镇化发展水平的比较，探索江苏绿色城镇化发展的变动规律；二是横向比较，通过对江苏城市之间绿色城镇化水平的比较，选择不同的发展路径。

第三，计量分析法。本书对江苏 13 个地级市绿色城镇化及各维度的测度、空间分异格局、协调发展程度等研究，分别采用综合评价法、空间探索性数据分析（ESDA）、协调模型和计量模型等方法给予充分的实证检验。

二、技术路线

在前人研究基础上，结合江苏绿色城镇化发展实际，科学界定绿色城镇化内涵，构建绿色城镇化指标体系。以江苏 13 个地级市 2005 年、2010 年、2015 年和 2019 年的四个时间截面的绿色城镇化发展状况为研究对象，综合量化测评，分析绿色城镇化整体及分维空间分异格局、空间自相关，探索其分异规律。在此基础上，进一步分析绿色城镇化耦合协调发展及影响因子，最后提出提升江苏绿色城镇化的发展路径及对策建议（见图 1 - 1）。

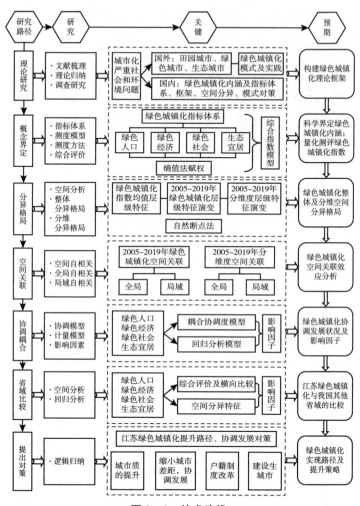

图 1 - 1　技术路线

第五节 创 新 之 处

一、学术观点创新

我国城镇化发展正处于快速转型、提升、创新发展的关键阶段，各种矛盾和问题突出，急需改变过去高消耗、高排放、高污染的粗放型城镇化模式。在借鉴前人研究理论基础上，提出以下观点：（1）城镇化过程中要注重人口绿色方向，否则会造成人口结构不合理和人口素质下降等另外一种城市病，例如目前人口老龄化、农村留守人员结构等都会使城镇化偏离健康和谐的轨道，因此要有前瞻性地做好区域人口规划，突出绿色人口结构，提高人口素质以适应绿色城镇化的发展。（2）转变过去高消耗、高排放和高污染的传统城镇化发展模式，使资源和能源的利用效率可以随着城镇化率的提高而显著提升，并在发展中妥善解决。一方面开发利用绿色新能源，另一方面从污染的源头，结合绿色创新技术，提高资源的利用效率及清洁排放，从微观层面的企业做起。（3）绿色消费不仅包括生活领域，还包括生产领域等各个方面的全面需求，基于与环境和谐友好和有益于生态健康，应着力推动绿色环保产品的购买、废旧资源的回收利用、节约并高效使用能源、保护环境和多样化物种等。(4) 建设生态宜居的城市。借鉴国外城市治理经验及生态传统,增加城市中的自然,按照紧凑、多样和高效的原则做好城市规划,合理布局生态、生活、生产空间。

因此,在全面考虑以人为本、经济高效、绿色社会进步和生态宜居等基础上,从绿色人口(人口素质、人口结构包括年龄结构和性别结构)、人才培养适应经济社会发展结构)、绿色经济(低碳、低消耗、低污染的绿色产业结构、绿色企业)、绿色社会(绿色消费、绿色技术创新、绿色管理、民生改善)、生态城市建设(居住环境、生态承载力、环境治理)等方面建立测度江苏地级以上城市的绿色城镇化指标体系,促进人口、经济、社会和生态资源环境之间的协调发展,研究视角创新。

二、研究方法的创新

从动态和静态量化测评绿色城镇化基础上,空间探索性数据分析方法,分析江苏绿色城镇化新的空间结构及分异格局。ESDA 软件及方法实现研究内容空间表达,探索其时空分异格局及规律,更进一步利用计量回归模型探索江苏绿色城镇化协调发展的关键因子。

三、研究内容创新

在量化测评基础上,判断江苏绿色城镇化发展所处阶段，13 个地级市的绿色城镇化发展差异程度、所处阶段，各自短板等；并与我国其他省份绿色城镇化水平做比较，探索江苏地级以上城市绿色城镇化空间结构及格局的优化，探索发展新路径。

第二章

概念界定及理论基础

第一节　概念界定

一、城镇化

城镇化或城市化（urbanization）是指第二、第三产业在城镇集聚，农村人口不断向非农产业和城镇转移，使城镇数量增加、规模扩大，城镇生产方式和生活方式向农村扩散、城镇物质文明和精神文明向农村普及的经济、社会发展过程①。

城市化是多维的概念，城市化内涵包括人口城市化、经济城市化（主要是产业结构的城市化）、地理空间城市

---

① 简新华，何志扬，黄锟．中国城镇化与特色城镇化道路 [M]．济南：山东人民出版社，2010：1－2．

化和社会文明城市化（包括生活方式、思想文化和社会组织关系等的城市化）。人口学把城市化定义为农村人口转化为城镇人口的过程，地理学角度来看城市化是农村地区或者自然区域转变为城市地区的过程，经济学上从经济模式和生产方式的角度来定义城市化，生态学认为城市化过程就是生态系统的演变过程，社会学家从社会关系与组织变迁的角度定义城市化。

"城镇化"与"城市化"并没有本质的区别，它是一个发展中的概念，是具有中国特色的城市化发展的战略决策，是城市化发展的一个长期的动态过程，且在不同的发展阶段侧重不同。在城市化初级阶段，强调小城市及城镇作为城市发展载体的重要性，着重广度的量的外延型增长；在城市化发展的中高级阶段，强调大中城市发展的重要性，存在着重量化增长的同时，强调市和镇的深度的内涵发展，包括经济、人口、空间和生活方式等的城镇化[①]。

城镇化进程中，第一产业比重逐渐下降，第二、第三产业比重逐步上升，同时伴随着人口从农村向城市流动这一结构性变动。城市化进程要与经济发展相适应，以市场为主体逐步推进，而不应是人为干涉的"自上而下"的城

---

① 张沛，董欣，侯远志，等. 中国城镇化的理论与实践：西部地区发展研究与探索 [M]. 南京：东南大学出版社，2009：4.

市化方式。城市化是一个复杂的系统，其数量的增加包括城市数量和城市人口的增加，城市建成区面积的扩张，这就需要考虑自然资源和生态环境的承载能力、经济水平、产业布局、基础设施及教育、医疗、就业、社会保障等社会公共服务水平等与其相匹配。否则，只追求数量，必会造成过度城市化，衍生"城市病"，增加新的社会矛盾。因此，城市化进程中，一个城市乃至一个国家或地区来说都需要全方位、综合地考虑其发展速度、城市布局、规模结构和功能结构等，才能从整体上把握好城市化进展①。

郭叶波认为城镇化与城市化所对应的英文单词都是"urbanization"，两者含义等同②。为叙述方便，本书统称城镇化。

二、新型城镇化

2014 年 3 月，《国家新型城镇化规划（2014—2020年)》正式发布。新型城镇化的核心在于不以牺牲农业和粮食、生态和环境为代价，着眼农民，涵盖农村，实现城乡基础设施一体化和公共服务均等化，促进经济社会发展，实现共同富裕。

新型城镇化的要求是不断提升城镇化建设的质量内涵。与传统提法比较，新型城镇化更强调内在质量的全面提升，也就是要推动城镇化由偏重数量规模增加向注重质量内涵提升转变。长期以来，我们习惯于粗放式用地、用能，提出新型城镇化后必须从思想上明确走资源节约、环境友好之路的重要性；过去我们主要依靠中心城市带动，提出新型城镇化后更应该强调城市群、大中小城市和小城镇协调配合发展的必然性。

新型城镇化与传统城镇化的最大不同，在于新型城镇化是以人为核心的城镇化，注重保护农民利益，与农业现代化相辅相成。新型城镇化不是简单的城市人口比例增加和规模扩张，而是强调在产业支撑、人居环境、社会保障、生活方式等方面实现由"乡"到"城"的转变，实现城乡统筹和可持续发展，最终实现"人的无差别发展"。

著名城市生态专家、中国科学院生态环境研究中心研究员王如松院士提出：新型城镇化，生态要优先。新型城镇化的"新"，是指观念更新、体制革新、技术创新和文化复新，是新型工业化、区域城镇化、社会信息化和农业现代化的生态发育过程。"型"指转型，包括产业经济、城市交通、建设用地等方面的转型，环境保护也要从末端治理向"污染防治—清洁生产—生态产业—生态基础设施—生态政区"五同步的生态文明建设转型①。

三、绿色城镇化

绿色城镇化是新型城镇化的内涵之一，应有之意。是伴随着绿色发展理念提出的而发展城镇化的标杆。绿色城镇化就是要充分尊重自然规律、经济规律和社会发展规律，尤其充足尊重城镇化的普遍规律和特殊规律，充分考虑区位条件、发展需要和资源环境承载力，保证产业发展、城市建设、人类活动不能对生态环境造成破坏，甚至不产生重要影响。以创造优良人居环境作为中心目标，对生态环境有重大影响的产业进行限制和改造，使其对生态环境的影响减到最小。发展科技含量高、资源消耗低、环境污染少的产业，通过合理确定城市范围和边界、优化空间开发格局、划定生态保护红线等，实现生产空间集约高效、生活空间宜居适度、生态空间山清水秀②。

城镇的发展不仅与绿色发展相结合，更是与人的全面发展、资源的永续利用、经济、社会的低碳、循环和可持续发展。改变传统粗放的城镇化发展方式，从源头治理生态环

---

① 孙秀艳.新型城镇化，生态要优先——访中国科学院生态环境研究中心研究员王如松院 [N].人民日报，2013 - 01 - 05.
② 肖金成，王丽."一带一路"倡议下绿色城镇化研究 [J].环境保护，2017，45（6）：25 - 30.

境，呈现城镇发展的绿色气质。旨在强调要始终坚持不以牺牲环境为代价去换取一时的经济增长，坚决不走"先污染后治理"的老路。走集约、绿色、智能、低碳的城镇化道路。体现全面协调可持续的发展理念，资源节约与低碳排放是推进方式，环境友好与经济高效是目标。城乡一体化、节约集约的发展理念、以人为本，建设生态宜居城市。

　　未来中国打造经济的升级版，必须考虑的一个前置性条件，就是要使经济与社会发展呈现出绿色的气质，其中的一个重大战略部署就是绿色城镇化。这也是推进国家治理体系和治理能力现代化的题内之意。集约高效及高附加值提升产业结构中的绿色关联度，推进现代高效能源产业，微观绿色经济承担着从源头上减轻城镇化资源环境压力的重任。城市企业应该率先成长为绿色企业，这是企业的首要社会责任。为此，企业要采用绿色生产技术和管理技术，例如清洁生产工艺、生命周期管理和以预防为主的生产全过程控制等。绿色消费。绿色环保产品的购买、废旧资源的回收利用、节约并高效使用能源、保护环境和多样化物种等。不仅包括生活领域，还包括生产领域等各个方面的全面需求。突出绿色人口结构，提高人口素质以适应绿色城镇化的发展。人口规模结构应当随着城市经济的绿色升级而主动做出调整，并与绿色城镇化发展相适应。民生改善增加绿色发展的底气。推进基本公共服务的均等化，在社会资源的使用方面不再拉大贫富差距，绿色就业。生产、生活和生态空间要明确不同的开发管制界限。改善人居环境。增加宜居住房、改善居住环境、完善基础设施并增加基本服务。控制污染排放，环境保护的技术创新①。

基于国内外已有学者的研究，绿色城镇化是一种以提高生产生活质量为核心的内涵式发展进程②，有别于传统城镇化的高污染、高排放和高消耗，而是低消耗、低排放、低污染的新型城镇化模式。从源头治理生态环境，通过信息化和高科技提高产业发展水平，提高资源利用效率，对环境的影响减少到最小，更加关注民生，推动绿色发展，促进人与自然和谐共生，绿色发展理念深入人心，经济高效、城市生态宜居，人与自然、环境、经济和社会协调发展的一种新型城镇化模式③。城市发展的各个方面都应呈现绿气，有绿色成分，与绿色相融。

四、空间分异

地球表面上的一切现象、过程，均发生在以地理空间

---

① 罗勇．美丽中国梦从绿色转型起步［N］．中国经济时报，2013－08－01．

② 罗勇．城镇化的绿色路径与生态指向［J］．辽宁大学学报（哲学社会科学版），2014，42（6）：84－89．

③ 魏后凯，张燕．全面推进中国城镇化绿色转型的思路与举措［J］．经济纵横，2011（9）：15－19．

为背景的基础之上。自然地理环境的地域分异，导致人类的社会经济活动也具有与其相应的空间分布上的规律性，并且不同尺度的地域分异奠定了不同层次的社会经济空间分布特征①。

"分异"一词来源于地理学中的"地域分异"概念，是指地理环境整体及其组成要素在某个确定的方向上保持特征的一致性，而在另一确定方向表现出差异性。因而发生更替的规律。分异也可表示为一种由同质化到异质化、结构与功能由简单到复杂的过程和结果②。"分异"从语义上讲，主要是指性质相同的事物向不同的方向变化；"分异"的概念内涵反映的是事物从一个"均质"到"异质"、从"整体"到"分化"的变化特征与过程③。

空间分异是指空间功能分化和空间再重组的过程。按弗里德曼（Friedman）等区域空间结构演化理论，劳动力、资本等生产要素的聚集和分散是区域空间分异的最根本的动力④。

---

① 潘树荣等.自然地理学（第二版）[M].北京：高等教育出版社，1985.

② 石恩名，刘望保，唐艺窈.国内外社会空间分异测度研究综述[J].地理科学进展，2015，34（7）：818 – 829.

③ 白光润.应用区位论[M].北京：科学出版社，2009：200.

④ 黄良伟，李广斌，王勇."时空修复"理论视角下苏南乡村空间分异机制构演化理论[J].城市发展研究，2015，22（3）：108 – 112，118.

空间分异性是一个经典的地理学理论，有人称为地理学第一定律。地理空间分异实质是一个表述分异运动的概念。首先是圈层分异，其次是海陆分异，最后是大陆与大洋的地域分异等。地理学通常把地理分异分为地带性、地区性、区域性、地方性、局部性、微域性等若干级别。生物多样性是适应环境分异性的结果，因此，空间分异性、生物多样化是同一运动的不同理论表述。

空间分异性是空间的某个地理数据属性在空间上是彼此相关的，相互影响的，且在空间是非独立分布的，非线性的、非独立随机分布的，既见树木又见森林的一种定量分析方法。空间数据有空间依赖性、空间异质性和空间自相关性等特殊性质。

（一）空间依赖性

空间数据最为著名的特征就是托伯（Tobler）的地理学第一定律所描述的特征：空间上距离相近的地理事物的相似性比距离远的事物相似性大，它所反映的就是空间数据的空间依赖性。其含义是在空间的某一位置 i 处，某个变量的值与其近邻位置 j 上观测值有关，可写成如下形式：$y_i = f(y_i)$，$i = 1, 2, \ldots\ldots, n$；$j \neq i$。假设每一种地理现象由一个过程及其表述的环境定义，那么过程表示现象的基本因素的变化，环境表示现象的观测框架（即空间和时间）。空间依赖性表示环境对于过程的重要影响。换句话说，在特定位置上的现象是基本因素和近邻位置对同一现象的密度的函数，这将增加分析的复杂性。

空间依赖性程度是通过空间自相关测度的，实际上可以认为，空间自相关就是空间依赖性概念的表述。空间自相关的指标多样，可以分为两种类型：全局测度和局部测度。全局方法对研究区域的整体给出一个参数或指数，而局部方法提供和数据观测点等量的参数或指标。

一个空间位置上的样本数据会依赖于其他位置上的观测值，主要是由空间数据的聚集性及空间相互作用的存在引起的。一般而言，观测数据的采集通常是和空间单元相关联的，例如行政区域、人口普查单元等，这将产生测度上的误差。当采集的数据的行政边界不能精确地反映产生样本数据的基础过程特征时就会发生这种情况。例如劳动力和失业率的测度问题，由于劳动者为了寻找就业机会，经常在临近的行政区域之间流动，因此劳动力或失业率的测度就表现出空间依赖性①。

（二）空间异质性

空间异质性是空间数据的第二个特性。异质源于各地方的独特性质，表示空间数据很少平稳性。空间异质性与

---

① 藤田昌久，克鲁格曼，维纳布尔斯. 空间经济学 [M]. 梁琦，译. 北京：中国人民大学出版社，2012：1－201.

空间上行为关系缺乏稳定性有关，这一特性也称为空间非平稳性，意味着功能形式和参数在所研究区域的不同地方是不一样的，但是在区域的局部，其变化是一致的①。

五、协调发展

从语义上讲，"协调"中的"协"和"调"同义，都具有和谐、统筹、均衡等富有理想色彩的哲学含义，"协调"即"配合得当"，即尊重客观规律，强调事物间的联系，坚持对立统一，取中正立场，避免忽左忽右两个极端的理想状态（崔满红，2002；孔祥毅，2003）。从语用上讲，"协调"一是指事物间关系的理想状态；二是指实现这种理想状态的过程。经济学中，"协调"既可以视为在各种经济力共同作用下，经济系统的均衡状态，也可以视为经济系统在各种经济力的共同作用下，趋向均衡的过程。

"协调发展"的概念可以概括为：以实现人的全面发展为系统演进的总目标，在遵循客观规律的基础上，通过子系统与总系统，以及子系统相互间及其内部组成要素间的协调，使系统及其内部构成要素之间的关系不断朝着理

---

① 王远飞，何洪林．空间数据分析方法 ［M］．北京：科学出版社，2007：20－30．

想状态演进的过程。协调发展的特征：（1）协调发展是以
人为本，尊重客观规律的综合发展。（2）协调发展是总系
统目标下的子—总系统、子—子系统及其内部组成要素间
关系的多层次协调。（3）协调发展是基于发展所依赖的资
源和环境承载能力的发展。（4）系统间协调发展效应大于
系统孤立发展的效应之和。（5）协调发展在时间和空间上
表现为层次性、动态性及其形式多样性的统一。（6）协调
发展具有系统性，协调发展系统具有复杂的内部结构，是
一个开放的、复杂的、灰色的、非线性的自组织系统。
（7）协调发展的反面是发展不协调或发展失调①。

第二节　理论基础

一、系统论

系统（system）一词最早出现在古希腊。近代系统论
的思想仍然受古代观念的影响较大，把世界上普遍联系的
事物作为一个整体。从 20 世纪 40 年代的"老三论"——
信息论、控制论、结构论到 20 世纪 70 年代的"新三

---

① 熊德平．农村金融与农村经济协调发展研究［M］．北京：社会科学
文学出版社，2009：43 - 54.

论"——耗散结构论、协同论和突变论。虽然建立时间较短，但发展迅速，已被纳为系统论的新成员。

亚里士多德认为整体不是部分简单的加总，其功能与作用大于部分之和，系统需要借助整体来表现，系统中各个要素相互影响和相互作用，不是孤立的，系统中的每个要素都在时刻变化着，并起着不可替代的作用。因此，系统中的各个要素互相影响和联系，不可分割，一旦某个要素从整体中分离出来，就失去应有之意。

城市化是一个复杂的系统，涉及社会、经济、人居环境等多方面。为此，必须从系统论的角度来看待城市化，把城市化看作一个整体，城市化过程包含的各个领域都看作其子系统，各个子系统相互作用和影响。例如农村人口向城市转移，就业从农业到非农产业，从而社会关系的改变，城市的蔓延促使农村生态系统和土地使用性质等的变化，以及城市是否能提供充足的就业机会、社会保障等公共服务水平，城市基础设施是否与之相匹配等。每一个子系统的变化，都会影响整个城市的运行。因此，城市化作为一个复杂的系统，只有各系统之间协调耦合发展，才能从整体上提高城市化发展质量①。

---

① 梁振民. 新型城镇化背景下的东北地区城镇化质量评价研究 [D]. 长春：东北师范大学，2014.

二、可持续发展理论

可持续发展是"既满足当代人的需求又不危及后代人满足其需求的能力的发展"（G. H. Brundland，1987），其核心是人口、社会、经济、科技、环境和资源相互协调，这已成共识（中国 21 世纪议程，1994；伊恩·莫发特，2001）。

1987 年 4 月，联合国世界环境与发展委员会在《我们共同的未来》（*Our Common Future*）里，将可持续发展定义为"既满足当代人的需求，又不对后代人满足其需求的能力构成危害的发展"①。这一定义被 1989 年 5 月召开的第 15 届联合国环境理事会采用于《可持续发展的声明》中，并在 1992 年联合国环境与发展大会上得到了全世界不同经济发展水平和不同文化背景国家的普遍认同，也为《21 世纪议程》的制订奠定了理论基础。

可持续发展的核心为"发展"，目标为"协调"，关键为"公平"，手段为"限制"。包括经济、社会和生态三者的可持续发展。经济发展是条件，社会发展是目的，生态发展是保证。可持续发展与单纯追求经济增长的传统发展观不同，它强调经济发展、社会发展和生态发展的统一。可持续发展既重视增长的数量，又重视质量和效应的

---

① WCED. Our Common Future ［M］. Oxford：Oxford University Press，1987.

提高，力求改变过去传统的"高投入、高消耗、高污染"的粗放型生产方式，以减少资源的消费和对环境的压力。社会可持续发展的目的是提高人类生活质量，保障全人类都健康生活在平等自由的社会环境中。自然资源的高效和永续利用是可持续的发展基础，在经济发展中必须保护好资源与环境，以可持续的方式使用自然资源①。

三、城市化发展阶段理论

美国地理学家诺瑟姆于 1979 年提出各国城市化过程的轨迹为 S 型曲线的三阶段理论理论。提出城市化过程一般分初期、中期、后期三个阶段。

城市化初期阶段：城市化水平较低，一般在 30% 以下，农业人口占绝对优势，工业生产力水平较低，工业提供就业机会有限，农村剩余劳动力释放缓慢，需要经过几十年甚至上百年城市化水平才能够达到30%。

城市化中期（加速）阶段：城市化水平达到 30% ~ 70% 时，城市工业基础雄厚，经济实力明显增强，农业劳动生产率大幅度提高，大批农业人口转为城市人口，城市化水平可在较短时间内突破50%，进而上升到70%。

---

① 张沛，董欣，侯远志，等. 中国城镇化的理论与实践：西部地区发展研究与探索［M］. 南京：东南大学出版社，2009，5：41 - 43.

城市化后期（稳定）阶段：城市化水平超过70%后，农业现代化基本完成，农村人口相对稳定，城镇人口的增加渐趋缓慢甚至停滞，最终城镇人口比重稳定在90%以上的饱和状态，后期城市化不再表现为农村人口向城市人口的转移，而是第二产业向第三产业转移。

城市化是动态的演化过程，城市化发展理论也是不断更新完善的过程，从区位理论、结构理论、人口迁移论、非均衡增长论到生态学派理论的理论演进，体现了人们对城市发展规律认识的不断深化。区位理论主要包括农业区位论、工业区位论、城市区位论等，结构理论包括刘易斯的二元经济结构理论、"刘易斯—拉尼斯—费景汉"模型、乔根森的二元经济模型、托达罗的劳动力迁移和产生发展模型、舒尔茨的农民学习模型、钱纳里·塞尔昆的就业结构转换理论，人口迁移论包括推—拉理论、人口迁移转变假说、配第—克拉克定理·非均衡增长论包括佩鲁的增长极理论、弗里德曼的中心——边缘理论、缪尔达尔的循环累积论、赫希曼的非均衡增长理论，生态学派理论包括田园城市论、古典人类生态学论、有机疏散论、城市复合生态系统论、山水城市论等①。

---

① 王新文. 城市化发展的代表性理论综述［J］. 中共济南市委党校济南市行政学院济南市社会主义学院学报，2002（1）：25 – 29.

正常的广义城市化进程都会经历从城市化、郊区城市化、逆城市化、再城市化的过程，但是本质上讨论的城市化是不包括逆城市化的。而这一过程不足以解决人类可持续发展的问题，需在世界范围内进行二次城市化解决。联合国碳熵行动纲领是人类城市可持续发展的一个指导纲领，让占地球2%面积却消耗地球80%资源的城市可持续科学发展。

四、空间经济学理论

空间经济学是研究资源在空间配置和经济活动的空间区位问题。古典区位理论是空间经济学的渊源。冯·杜能和韦伯是之代表人物，杜能的农业区位论以及韦伯工业区位论被统称为古典区位论。

（一）传统的古典区位理论——农业和工业区位论

德国著名经济学家杜能在他所创立的农业区位论中，详细分析农业布局的区位选择问题，实际上就是单位土地面积获得最大利润的问题。还把大城市高地租和物价对货币工资的影响即离心力看作厂商迁离城市的主要因素。杜能对距离城市远近与耕作方式的关系以及影响产品运输的诸因素做了深入分析后，构建了以城市为核心的同心环状农业圈图式，形成了他的孤立国农作圈：自由农作圈、林业圈、轮作农作圈、谷草农作圈、三圃式农作圈、畜牧圈六个圈层的布局。这种同心环状的农业圈实质上就是以城市为圆心，由内向外呈同心圆状分布的农业圈层地带，受距离城市远近的影响，运费起决定性作用。

19世纪末，完成了第一次产业革命的德国迅速转向第二次产业革命，学者们也开始关注产业迁徙和工业布局问题。韦伯创立的工业区位论，研究了运费对工业布局的影响。他认为选择工业区位时，首先是寻求运费的最低点。并由区位三角形和区位多边形进行了解释。其次是寻求劳动费用最低点。用等费用曲线描述劳动费用随着离中心点的距离的增加而提高。最后综合分析了聚集效应对工业区位的影响，指某些工业部门向某特定地区集中所产生的使成本降低的效果，有些聚集效应要大于运费和劳动费最低点所带来的效应等。韦伯的理论至今仍为区域科学和工业布局的基本理论①。

（二）新古典区位论——中心地理论和城市体系

克里斯塔勒和廖什是新古典区位理论的代表人物。中心地理论是关于一定区域内城镇等级、规模和职能间相互关系及其空间结构规律性的学说。是德国地理学家克里斯塔勒在杜能的农业区位论和韦伯的工业区位论基础上创立

---

① 张敦富.区域经济学原理［M］.北京：中国轻工业出版社，1999：79－81.

的。其前提假设条件为：均质的平原和资源分布、人们的需求和消费方式一致，统一的交通系统和合理的消费行为，生产商的利润最大化思想和消费者最小出行费用等。他认为，一个具有经济活动的区域发展必须有自己的核心，这些核心由若干大小不同的具有多种服务职能的城镇组成，为周围居民和单位提供各种服务。每个城镇都位于其所服务的中心，中心地大小排列有一定的规律性，同一等级的城镇数量与其规模大小成反比。还提出了各级中心分别位于六边形的中心或边或角上的中心地六边形模式，依据杜能中心城镇服务范围的圆形的观点，将中心地服务区域转换成六边形体系。把市场、交通和行政三个最优原则作为城镇等级的中心地形成条件。中心地理论首次将区域内的城市空间分布系统化，强调了城市体系中的等级关系与职能分工，通过严谨的论述和数学模拟，提出了城镇体系的组织结构模式，因此被后人公认为城镇体系研究的基础理论。

经济学家廖什将中心地理论应用于工业区位研究。用工业市场区取代克氏的聚落市场区，引入利润原则和空间经济思想，对市场区体系与经济景观进行了深入探讨，形成了自己独具特色的市场区位理论。廖什对中心地理论的贡献为：一个中心地系统有若干 k 值，门槛认可规模多种多样，中心地的地位变化更大，城镇对绝大多数商品和服务而言具有各不相同的影响范围,他将市场网络按照基金法则排列而成的经济分布空间的等级序列称为经济景观,认为在自然条件相同、人口分布均匀的情况下,其经济景观可以有规律地扩展,即按照三角形工业、聚落和城市分布及六边形市场区,形成一个区域、一个国家甚至整个世界的经济景观,即所谓廖什景观①。

(三) 新经济地理学理论——集聚与扩散理论

保罗·克鲁格曼等人在 20 世纪 90 年代开创了新经济地理理论(简称 NEG 理论)。该理论将运输成本纳入理论分析框架之中,认为运输成本的减少会带来聚集经济、外部性、规模经济等问题,并把这些要素融入企业区位选择、区域经济增长及其收敛与发散性问题中,不同于传统的区域经济理论观点。

新经济地理的基本问题即解释地理空间中经济活动的集聚现象。认为城市本身就是集聚的结果,区域经济一体化也是集聚的一种形式,全球经济的中心—外围结构,即经济学家关注的南北两极分化问题是集聚的极端②。以克鲁格曼为代表的学者们利用数学模型模拟空间集聚经济,

---

① 张敦富. 区域经济学原理 [M]. 北京:中国轻工业出版社,1999:60 – 63.

② 藤田昌久,克鲁格曼,维纳布尔斯. 空间经济学 [M]. 梁琦,译. 北京:中国人民大学出版社,2012,12:1 – 201.

引入规模报酬递增、垄断竞争与运输成本，研究不同层面、不同空间尺度的集聚现象，从而重新发现了经济地理。克鲁格曼的核心—边缘模型从更微观的角度展示了向心趋势是如何出现的。解释了地理结构和空间分布怎样在"使经济活动集聚的向心力和使经济活动分散的离心力"这两股力量的相互作用下形成的①。

　　该理论的核心是核心—外围模型，该模型分析了一个国家内部产业集聚的成因。该模型的基本机制包括三种基本效应："本地市场效应"，即垄断竞争厂商偏好在市场规模较大的地区生产，而在市场规模较小的地区销售产品。"价格指数效应"，是指当地居民生活成本受厂商的区位选择的影响。在产业集聚的地区，本地商品一般比外地区要便宜。这是因为本地居民支付较少的运输成本，且本地生产的产品种类和数量多于外地输入的。"市场拥挤效应"，是指不完全竞争厂商倾向于选择竞争者较少的区位进行生产。本地市场效应和价格指数效应形成了集聚力，市场拥挤效应形成了分散力，这两种作用力的大小决定了厂商的空间集聚与扩散。如果集聚力大于分散力将会导致产业集聚，反之亦然。可以利用贸易成本的高低来衡量这两种作

---

① 毕秀晶. 长三角城市群空间演化研究 [D]. 上海：华东师范大学，2013.

用力的大小，高的贸易成本意味着贸易自由化的程度较低；反之，则意味着贸易自由化程度较高。

五、城市化空间发展理论

（一）增长极理论

法国经济学家弗朗索瓦·佩鲁在 1955 年创立了增长极理论。认为经济空间是由若干中心（极点或焦点）组成，各种向心力或离心力则分别指向或背离这些中心。该理论将空间中心称作增长极，认为经济增长并非同时出现在所有地方，而是以不同强度首先出现于一些增长点或增长极上，然后通过不同渠道向外扩散，并对整个经济空间产生不同的最终影响。这些增长点或增长极集中了主导产业和创新产业的工业中心，产业规模较大，增长速度较快、拥有对其他部门的优势和密切联系等。随着一个个增长极的相继出现，通过自身吸引力和扩散力不断扩大自身规模，并对周围地区的经济产生影响[①]。极化效应和扩散效应是增长极的两种作用方式，前者由于主导产业和创新企业在极点上的建设，对周围地区产生一定的向心力和吸引力，周围各种资源被吸到极点上，产生地域极化，形成

————————

① 张沛．中国城镇化的理论与实践：西部地区发展研究与探索 [M]．南京：东南大学出版社，2009：1 - 100.

规模经济效益，从而使极点的经济实力和规模迅速扩大的过程。后者则是极点通过向腹地提供生产要素和各种服务，促使腹地经济的增长①。

增长极理论是在特定的地理空间和区域背景中的运用。法国布代维尔把增长极理论与地理空间中的节点城镇联系起来。他和比利时的经济学家皮克林等西欧经济学家为主的"法国学派"，把大型产业作为带动周围地区的经济发展的增长极。而以北美经济学家为主的"北美学派"把区域发展的"中心"即城市作为地区发展的增长极②。

（二）点—轴理论

点—轴理论是一种非均衡区域发展理论。其思想就是在一定区域范围内，确定若干具有有利发展条件的区域及城市间线状基础设施轴线，对轴线地带的若干个点市的重点发展。该理论中的"点"具备这样的条件：区域中的中心城市、有各自的吸引范围、人口和产业集中地方，有较强的经济吸引力和凝聚力等。"轴"是包括交通干线、高压输电线路、通信设施线路、供水线路及其他工程线路等联结点的线状基础设施束。该理论实质是依托沿线轴各级

① 盛广耀. 城市化模式及其转变研究 [M]. 北京：中国社会科学出版社，2008：104－108.
② 张敦富. 区域经济学原理 [M]. 北京：中国轻工业出版社，1999：309－311.

城镇形成产业开发带，通过城镇点和轴的等级确定和发展时序的演进，带动整个区域的发展，是空间一体化过程中前期的必然要求。该理论适合尚未充分开发的地区，可以发挥各级中心的作用，并带动城市的发展，保证了开发所需的基础设施，可以防止工业布局过于集聚与分散。点轴开发模式顺应了经济发展在空间上集聚成点，并沿轴线渐进扩展的客观要求，有利于发挥聚集经济的效果①。

（三）核心—边缘理论

核心—边缘理论是对累积因果理论的延伸与拓展。美国著名经济学家约翰·弗里德曼在20世纪60年代对发展中国家的空间规划经过了长期研究之后提出的，认为发展是由基本创新最终汇成大规模创新系统的累积过程，通常起源于为数不多的变革中心，并从这些中心由上而下、有里向外地向其他地区扩散。他把这种创新变革的主要中心（通常为大城市区）称为"核心区"，而把特定空间系统内的所有其他地区称为"边缘区"。核心区和边缘区共同组成一个完整的空间系统。在这一空间系统中，核心区与边缘区之间的关系是平等的，核心区在地域空间上具有较高的创新变革能力，居于权威和支配的地位；边缘区则缺

---

① 梁振民．新型城镇化背景下的东北地区城镇化质量评价研究［D］．长春：东北师范大学，2014．

乏经济自主权,处于依附或被支配的地位,其自身的发展道路主要由核心区根据它们所处的自然依附关系来决定。按照核心—边缘理论的表述,在区域经济增长的同时,必然发生经济空间结构的改变,在此过程中经济增长逐步由核心区向边缘区扩散并取得空间一体化[①]。

德国犹太思想家赫希曼认为区域之间存在的不平衡现象是正常的,发达的核心区通过"涓滴效应"(相当于扩散效应)会带动落后的外围区域发展,造成劳动力和资本等要素从外围区流入核心区的极化效应,会缩小区域差异,地区间是否存在互补性决定了发达地区的发展是否带动或阻碍落后地区的发展。赫希曼在进一步对美国区域经济进行研究后发现,从长期来看发达地区向落后地区的涓滴效应将大于极化效应(相当于回波效应)。提出要缩小区域差距,政府必须加强干预,加强欠发达地区的援助和扶持[②]。

六、协调发展理论

发展作为系统(system)的演化过程,某一系统或要

---

① 梁振民. 新型城镇化背景下的东北地区城镇化质量评价研究 [D]. 长春:东北师范大学,2014.

② 毕秀晶. 长三角城市群空间演化研究 [J]. 上海:华东师范大学,2013.

素的发展，可能以其他系统或要素的破坏甚至毁灭为条件
（代价）。而协调则强调两种或两种以上系统或系统要素之
间关系的保持理想状态。因此，协调是多个系统或要素健
康发展的保证。"协调发展"是"协调"与"发展"的交
集，是系统或系统内要素之间在和谐一致、配合得当、良
性循环的基础上由低级到高级、由简单到复杂、由无序到
有序的总体演化过程。协调发展不是单一的发展，而是一
种多元发展，在"协调发展"中，发展是系统运动的指
向，而协调则是对这种指向行为的有益约束和规定，强调
的是整体性、综合性和内在性的发展聚合，不是单个系统
或要素的"增长"，而是多系统或要素在"协调"的约束
和规定下的综合的、全面的发展。"协调发展"不允许一
个（哪怕仅仅一个）系统或要素使整体（大系统或总系
统）或综合发展受影响，追求的是在整体提高基础上的全
局优化、结构优化和个体共同发展的理想状态。

　　"协调发展"作为"发展观"发展的必然结果，归根
到底是一种体现不同时代人类理想的、没有终极内涵、具
有层次性的动态概念。"可持续发展"和"科学发展观"
代表了当代"协调发展"的最高理念，作为其内核的"协
调发展"，也被赋予了最新内涵，"协调发展"不仅必须
"以人为本"尊重客观规律，而且既要顾及当代人，实现
"代内协调发展"，又要顾及后来人，实现"代际协调发

展",还要保持"发展"在空间(包括地理空间、产业领域等)上的"协调"。因此,作为系统间相互联系的"协调发展",因系统的开放性,而被置于整个人类社会"可持续发展"的大系统之中,不存在孤立的"协调发展"。从这一意义讲,"可持续发展"是"协调发展"的最高目标,"协调发展"是实现可持续发展的最基本手段,而"科学发展观"则是引领人们实现这一目标的根本态度、原则、价值指向①。

---

① 熊德平. 农村金融与农村经济协调发展研究 [M]. 北京:社会科学文学出版社,2009:43-54.

第三章

江苏城镇化发展现状分析

第一节　江苏城镇化发展历程

改革开放以来，江苏的城市化稳步推进，特别是 20 世纪
90 年代中期以来，全省每年有 200 万人左右的乡村人口进入
城镇，城市化的规模和速度均达到了空前的地步。江苏城镇
化进程不断加快，城镇化水平稳居全国前列。2020 年，江苏
第七次全国人口普查常住人口中，居住在城镇的人口为
6224.2383 万人，占城镇人口比重达 73.44%，高于全国平均
水平近 10 个百分点，与 2010 年江苏第六次全国人口普查相
比，城镇人口增加 1487.0895 万人，城镇化率 60.6%，比重
上升 13.22%，乡村人口减少 878.3820 万人[1]。表明江苏各地

---

① 本节数据来自江苏省人民政府网发布数据：江苏省第七次人口普查
公报（第六号）。

城镇的人口承载力和聚集力得到了进一步的提升。城市化发展进入一个关键时期，正在向比较成熟的城市社会推进。加强对人口城市化发展历程、特征、影响因素及趋势性分析，对于促进国民经济的持续稳定发展、转变人民的生产生活方式、提高人民生活质量、扩大内需、实现地区现代化都具有十分重要的意义。

一、江苏城市化发展历程

自 1949 年至今的 70 多年，伴随着工业化的推进，江苏城镇化总体上经历了一个城镇数量不断增加、城镇人口规模不断扩大、城镇人口比重不断上升的发展历程。1949年，全省共有城市 10 个，建制镇 703 个，到 2019 年，城市数量增加到 35 个，建制镇 718 个；市镇人口规模由1949 年的 437 万人增加到 2019 年的 5698.23 万人，增加了 13.04 倍，年均增长 18.63%；城镇人口占总人口的比重由 1949 年的 12.4% 上升到 2019 年的 70.6%，上升了58.2 个百分点，年均上升 0.831 个百分点。1949 ~ 2019年，江苏城镇化发展历程大致可分为以下七个阶段。

第一阶段：起步阶段（1949 ~ 1957 年）。全省城镇人口增长较快，城市化发展态势良好，市镇人口由 435 万人增加到 782 万人，年均增长 7.6%，是总人口年均增长速度（2.2%）的 3.45 倍；城镇人口占总人口的比重也由

1949 年的 12.4% 迅速上升到 1957 年的 18.7%，8 年间上升了 6.3 个百分点，平均每年上升 0.79 个百分点。

　　第二阶段：波动阶段（1958～1978 年）。这期间，江苏城镇化水平经历了一个先上升后下降再上升的过程。1958 年，市镇人口占总人口 19.5%，1960 年最高，达到 20.62%。1961 年起城市人口数开始减少，1970 年降至最低，城镇人口比重仅相当于 1949 年的水平，为 12.5%。此后开始缓慢回升，1978 年城镇人口比重达到 13.73%。20 年间，全省市镇人口减少了 28 万人，城镇人口比重下降 5.8 个百分点。

　　第三阶段：稳定发展阶段（1979～1989 年）。这期间，建制镇由 1979 年的 115 个增加到 1989 年的 392 个，城镇人口由 874 万人增加到 1366 万人，增长了 56.1%，年均增长 4.55%，城镇人口比重上升 6.1 个百分点，平均每年上升 0.61 个百分点，城市化的推进呈现稳步发展态势。

　　第四阶段：加速发展阶段（1990～1997 年）。这期间，全省省辖市（地级市）由 11 个增加到 13 个，县级市由 14 个增加到 31 个，建制镇由 522 个增加到 1018 个；城镇人口增长 46.2%，年均增长 5.58%，城镇人口比重由 21.56% 提高到 29.85%，上升 8.29 个百分点，平均每年上升 1.18 个百分点。

　　第五阶段：高速发展阶段（1998～2005 年）。这一阶段，江苏城镇化首次超过一半。城镇人口由 2262.47 万人增加到 3774.62 万人，年均增加 216.02 万人，增长 66.84%，年均增长 7.59%，城镇人口比重由 1998 年的 31.5% 上升到 2005 年的 50.5%，上升 19 个百分点，平均每年上升 2.71 个百分点，达到了前所未有的速度。

第六阶段：转型发展阶段（2006～2010 年）。这一阶段，城镇化率首次超过 60%。城镇人口由 3918.19 万人增加到 2010 年的 4767.63 万人，年均增加 169.888 万人，增长 21.68%，年均增长 4.34%。城镇人口比重由 2006 年的 51.9% 上升到 2019 年的 60.6%，5 年间上升 8.7 个百分点，平均每年上升 1.74 个百分点。

第七阶段：高质量发展阶段（2011～2019 年）。这一阶段，城镇化率达到 70.6%，城镇人口由 4889.36 万人增加到 2019 年的 5698.23 万人，年均增加 127.15 万人，增长 16.54%，年均增长 1.84%。城镇人口比重由 2011 年的 61.9% 上升到 2019 年的 70.6%，9 年间上升 8.7 个百分点，平均每年上升 0.97 个百分点。这一阶段江苏城镇化率增长速度有所下降，但是超过 70%，城镇化开始步入稳步发展时期。

二、江苏城市化历程的阶段性

上述七阶段的城市化发展历程，以 1979 年为界线，可以明显地分为两个大的历史发展阶段：

1979 年以前，一方面，由于以优先发展重化工业的特殊工业化道路，非农产业对农业劳动力吸纳能力有限；另一方面，严格的户籍管理制度隔断了城乡之间的联系，农民被拒之于工业化进程之外，使城市化发展呈现出水平低、波动大、进程异常缓慢的特点。城镇人口比重，1949 年为 12.4%，到 1978 年仅为 13.73%，几乎没有增长，处于停滞、徘徊的状态。在城市化发展中，城镇人口比重经历了一个先上升、后下降、再上升的过程，最高的 1960 年（20.63%）与最低的 1970 年（12.49%）两者相差 8.14 个百分点，起伏、波动较大。同时，在这一阶段，江苏城市化水平经历了一个先高于、后又落后于全国平均水平的过程。在城市化的起步阶段，江苏城市化水平高于全国平均。如 1959 年，市镇人口占总人口的比重，江苏为 20.2%，全国平均为 18.4%，江苏高出 1.8 个百分点。只是到 60 年代中期以后，由于设镇标准的提高，城市郊区规模的缩小，大批建制镇被撤销，江苏城镇人口的比重才开始低于全国平均水平。此后，江苏城镇人口增长速度一直慢于全国，且与全国的差距逐渐拉大。

1979 年以后，随着改革开放的不断深化，经济社会发展进入了一个前所未有的高速发展时期，工业化进程明显加快,城市化也随之进入了一个正常的、快速的发展阶段。与 1978 年以前形成鲜明对照的是,这一时期,江苏城市化呈现出水平高、稳定性强、进程明显加速的特点。1979~2005 年,城镇人口平均每年增长速度达到 5.79%,城镇人口占总人口的比重由 14.84% 迅速提升至 50.5%,平均每年提高 1.37 个百分点。与全国平均水平相比,尽管进入 80 年代,江苏还并未因经济增长速度快于全国而改变落后状况,城镇人口比重还基本上保持着低于全国平均 4.7 个百分点的差距,但在 1990 年以后,这种状况得到明显改善,差距逐渐缩小,到 1998 年底,江苏城市化率首次超过全国平均水平。至 2005 年底,江苏城市化率已高出全国平均水平 7.5 个百分点,基本上改变了在全国各省、自治区、直辖市中一直偏低、落后的局面。2005 年以来,城镇人口比重范围在 50%~70%。只用了 15 年的时间,城市化高速度发展阶段。开始步入高度城镇化阶段。

三、城市化历程的四次重要历史转折

有学者根据城市化过程中城镇人口和乡村人口相对关系的变化,认为在整个城市化的历史过程中,城乡人口增长的比例关系将会呈现出四个重要的转折,即城镇人口增长规模超过乡村人口的增长规模、乡村人口总规模由上升转为下降、城镇人口总规模超过农村人口①。依此判断，江苏人口城市化历程中这四次重要转折主要是：

第一次转折出现在 1979 年，城镇人口增长规模首次超过乡村人口，城乡人口增长出现了互换的格局。以此为起点，江苏城市化进入了一个稳定增长阶段。始于 20 世纪 70 年代，江苏城乡推行了旨在控制人口增长的计划生育政策，农村人口增长的规模出现明显减少，但是增长的量仍然高于城镇。1979 年，作为重要分界点的年份，城镇人口增加了 74 万人，乡村人口反而减少了 15 万人，城市化发展出现了第一个重要转折。此后，全省大多数年份的城镇人口增长规模均高于乡村人口的增长，有些年份乡村人口甚至出现负增长，在总人口的增长中城镇人口增长所占比重大大提高。

第二次转折出现在 1997 年，城镇人口增长绝对规模首次超过总人口，乡村人口由增长转为下降。以此为转折点，江苏城市化由加速增长阶段转为高速增长阶段。1997 年，在总人口增加 38 万人的情况下，城镇人口增加 196 万人，乡村人口则相应地减少 157 万人，城镇人口增长绝对规模首次超过总人口增长绝对规模，乡村人口绝对规模由增长转为下降，城市化出现了第二个重要转折。此后的

---

① 叶裕民. 中国城镇化之路——经济支持与制度创新 [M]. 北京：商务印书馆，2001：186–187.

年份，乡村人口绝对量持续下降，如 1998～2000 年，在总人口分别增加 35 万人、30 万人、114 万人的情况下，城镇人口分别增加 125 万人、262 万人、516 万人，乡村人口则相应地分别减少 91 万人、231 万人、402 万人。这意味着，乡村人口进入城镇的规模大于乡村人口自然增长的规模，工业化进程中非农产业吸收劳动力的能力大大提高，城市化开始步入良性循环并真正进入高速增长阶段。

第三次转折出现在 2005 年，城镇人口比重超过 50%，达到 50.5%。整个地区有一半以上的人口生活在城镇。这表明，随着乡村富余劳动力大规模转移到城镇，城镇人口的绝对量超过乡村人口，这是城市化出现的第三个重要转折，是江苏初步进入城市社会的重要标志和起点。此后，尽管城市化仍处于高速增长阶段，但是，城市化水平的增长速度要取决于地区经济发展的推进速度。

第四次转折出现在 2019 年，城镇人口比重超过 70%，达到 70.6%。这是江苏城市化出现的第四个重要转折点，也是江苏进入高度城市社会的重要标志和起点。城镇化已经进入下半场，正经历"二次城镇化"。相比一次城镇化过程中人口由乡到城的流动，二次城镇化是城市之间的流动，由中小城市向中心城市、大都市集聚。尤其是当前我国经济发展的空间结构正在发生深刻变化，中心城市和城市群正在成为承载发展要素的主要空间形式。

第二节　江苏城镇化发展现状及特点

一、江苏城市化发展现状

江苏位于中国东部沿海地区，地跨南北，气候、植被同时具有南、北方特征，社会经济发展水平全国领先。2019 年，全省生产总值（GDP）达 99631.5 亿元，人均 GDP 达 123607 元，常住总人口 8070.0 万人，其中，城镇人口 5698.23 万人，比上年增加 94.13 万人。城镇化率 70.61% 比上年提高了 1 个百分点，高于全国水平（60.6%）约 10 个百分点。作为中国城镇化进程较快的省份，江苏承担着集聚人口和产业经济的重任，全省的平均城镇化水平较高，但是明显存在着苏南、苏中、苏北地区平均城镇化水平依次递减的格局问题，且地市之间城镇化发展水平也参差不齐。为此，准确地衡量各地市的城镇化发展状况，分析存在的问题，对江苏乃至全国其他地区未来新型城镇化建设具有重要参考价值。

江苏人口城市化历程中经历了四次重要的转折：1979 年城镇人口增长规模首次超过乡村人口，1997 年城镇人口增长绝对规模首次超过总人口，2005 年第三次转折，城镇人口比重超过 50%，达到 50.5%。这表明，随着乡村富余劳动力大规模转移到城镇，城镇人口的绝对量超过乡村人口，整个地区有一半以上的人口生活在城镇。2005 年是城市化出现的第三个重要转折，是江苏初步进入城市社会的重要标志和起点①。2019 年是城市化出现的第四个重要转折，城镇化率超过 70%，又是江苏高度城市社会化的标志与起点。

由表 3-1 可知，江苏 13 市城镇化发展处于城镇化的中后期发展阶段，南通、徐州、连云港、淮安、扬州、盐城、宿迁、泰州 8 市处于城镇化中期的后一阶段，南京、无锡、常州、苏州、镇江 5 市处于城镇化后期发展阶段。

表 3-1　　江苏 13 个地级市城镇化发展所处阶段

城镇化阶段		城市名称	数量（个）	数量占比（%）
城镇化初期		无	—	—
城镇化中期	前一阶段	无	—	—
	后一阶段	南通、徐州、连云港、淮安、扬州、盐城、宿迁、泰州	8	61.5
城镇化后期		南京、无锡、常州、苏州、镇江	5	38.5

注：判断指标是：城镇化初期的城镇化率不超过 30%；城镇化中期的城镇化率在 30%~70%，其中前后阶段以 50% 为界；城镇化后期的城镇化率超过 70%。

资料来源：城镇化率数据《2020 江苏统计年鉴》。

———————

① 叶裕民. 中国城镇化之路——经济支持与制度创新 [M]. 北京：商务印书馆，2001：186-187.

二、江苏城市化发展特点

1. 城市化处于高速发展期

自 2010 年以来，随着经济社会持续快速发展，城市化和城市现代化发展战略的有效实施，城市的经济职能和服务功能得到加强，城市化和城市发展再度趋于活跃。2010 ~ 2019 年，10 年间全省城镇人口由 4767.63 万人增加到 5698.23 万人，平均每年增加 93.06 万人，城市化率由 60.6% 提高到 70.6%，但这是在城市化更高水平上的增长，表明江苏的城市化在经历"八五""九五"时期的快速增长后，城镇人口增长势头依然强劲，城市化仍处于高速增长时期，但增速有递减趋势。

表 3 – 2　　　2010 ~ 2019 年江苏城市化率及增长率

单位：%

分类	2010 年	2011 年	2012 年	2013 年	2014 年	2015 年	2016 年	2017 年	2018 年	2019 年
城市化率	60.6	61.9	63.0	64.1	65.2	66.5	67.7	68.8	69.6	70.6
增长率	8.90	2.14	1.78	1.74	1.72	1.99	1.8	1.6	1.2	1.44

资料来源：江苏统计年鉴（2020）[M]. 北京：中国统计出版社，2020.

2. 城市化达到较高水平

2019 年底，江苏城镇人口占总人口比重已超过 70%，达到较高水平。江苏城市化水平已开始向成熟的城市化社会迈进，伴随着工业化、现代化的推进，城镇人口的持续大规模增长必将为第三产业的发展提供广阔的市场，城镇经济的繁荣又进一步增加其吸纳劳动力的能力。

江苏也是属于近 10 年城市化水平上升最快的省份之一。2000 年第五次全国人口普查时，江苏城市化率位居全国第 10 位。2010 年第六次人口普查时，江苏城市化率位居第 7 位，极大地缩小了与 3 个直辖市的差距，与广东、辽宁、浙江的水平相接近。2020 年江苏人口普查与 2010 年第六次全国人口普查相比，城镇人口增加 1487.0895 万人，乡村人口减少 878.3820 万人，城镇人口比重上升 13.22 个百分点，达到 73.44%，江苏城市化率位居全国第 5 位。

3. 城市化发展更加突出都市圈的建设

根据江苏经济社会发展规划，2000 年以来，江苏的城镇发展战略重点在于南京、苏锡常和徐州 3 个都市圈的建设，构筑"三圈五轴"的城镇空间结构框架。行政区划的限制被都市圈所打破，可以更好地促进核心城市功能的完善以及各类生产要素在更大区域范围内的流动，更加充分地发挥核心城市的辐射、带动作用，进一步优化城镇和产业空间布局，推动城乡一体化进程。江苏城市化的发展，在全国城市化发展中占有越来越重要的地位。

4. 城市化地区间差异在缩小

总体上，由于不同区域间地理环境、历史条件、自然资源、经济基础、社会科技发展、政策观念等的差异，江苏各地区城市化发展不平衡。从三大区域看，苏南地区城市化率最高，苏中地区次之，苏北地区最低。截至 2019 年底，苏南、苏中、苏北地区城市化分别为 77.6%、67.8% 和 64.4%。但是，伴随着近些年苏北、苏中地区经济发展、工业化推进速度的提升，城市化进程也在不断加快，与苏南地区间的差距在缩小，改变了过去全省区域间城市化水平扩大的趋向。

因此，本书以江苏所辖 13 个地级市为评价单元。由于 2005 年江苏城镇化水平超过一半，首次城镇人口超过半数，真正进入城市社会阶段，因此本书采用 2005 年、2010 年、2015 年、2019 年跨度 15 年统计数据对江苏绿色城镇化发展水平进行测度与评价。研究数据来源于 2006～2020 年《江苏统计年鉴》、《中国城市建设统计年鉴》、《中国城市统计年鉴》、《江苏 2000 年人口普查资料（上、中、下）》、《江苏 2010 年人口普查资料》、《中国能源统计年鉴》、江苏省人民政府网、江苏省环境统计公报、江苏省水资源公报、13 地市历年统计年鉴、各地市国土资源局网站统计数据等。

第三节　江苏城镇化发展存在的问题

一、人口结构不合理，人口老龄化严重

江苏人口老龄化程度加剧，2019 年江苏 65 岁及以上人口 1185.5 万人，占比 14.7%，较上年末提高了 1.3%。高于我国平均的人口老年化程度（12.6%）。而 2019 年江苏人口出生率 9.12‰，低于我国人口出生率 10.48‰。而江苏其他地市的人口出生率更低，尤其南通为 5.86‰，扬州 6.45‰，镇江 6.65‰。在人口自然增长率方面，南通、扬州、镇江、泰州呈现负增长，最低的南通为 −2.76‰，均低于江苏的人口自然增长率水平 2.08‰，更低于我国的人口自然增长率水平 3.34‰。

二、经济发展区域差异较大

由于历史和地理等原因而导致的江苏经济发展的"南重北轻"。苏北地区大中城市发展缓慢，影响了全省的"加快发展苏北"战略和南北区域共同发展战略的实施效果。2019 年江苏人均 GDP 为 123607 元。排名前三的是：无锡、苏州和南京，分别是 180044 元、179174 元、165682 元，均位于苏南。而苏北五市人均 GDP 均在 10 万

元以下，尤其宿迁最低为 62840 元，与无锡市相差 117204 元，低于我国的人均 GDP 水平（70892 元）。另外，苏州第二、第三产业增加值分别是 9130.2 亿元和 9908.9 亿元，位居江苏第 1 位，而最低的宿迁分别是 1324.4 亿元和 1450.3 亿元，前者是后者的近 7 倍。且宿迁的第二、第三产业增加值低于江苏的平均水平（44270.5 亿元和 51064.7 亿元）。苏北、苏中和苏南经济差距呈明显的阶梯状。

三、城市化水平区域差异明显

江苏的城市化水平呈南高北低、阶梯状分布，南部地区（如苏州、无锡、常州、南京等城市）城市化大大高于北部地区（淮安、盐城、宿迁）。2019 年，苏州城镇人口最多达 827.74 万人，南京市紧随其后，城镇人口 707.2 万人。此外，徐州市、无锡市城镇人口超 500 万人，镇江市城镇人口最少仅 231.23 万人。南京市、无锡市、苏州市、常州市、镇江市城镇化率超全省平均水平，其中，南京市城镇化率最高达 83.2%。宿迁市城镇化率最低仅 61.1%，两市相差 22.1 个百分点。与 2018 年相比，各市城镇化率均有所提高，其中，徐州市城镇化率提高 1.6 个百分点。

2019 年，苏南城镇人口 2621.38 万人，城镇化率

77.6%。苏中城镇人口 1118.29 万人，城镇化率 67.8%。
苏北城镇人口 1958.53 万人，城镇化率 64.4%。由图 3 − 1
可知，苏南城镇化率最高，分别高于苏中和苏北地区接近
9.8 个、13.2 个百分点。苏南与苏北、苏中地区城镇化率
相差较大。苏北城镇化率仅高于全国平均水平（60.6%）
3.8 个百分点，低于江苏省城镇化率平均水平（70.6%）
6.2 个百分点。

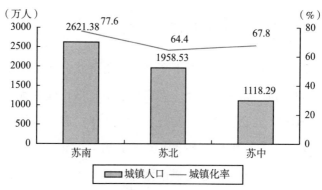

图 3 − 1　2019 年江苏各区域城镇人口及城镇化率情况

资料来源：《2020 年江苏统计年鉴》。

四、生态环境呈现恶化趋势

城市的生态和资源压力逐步增大，其中比较突出的有
水资源和土地资源的问题。大搞空间扩张的"圈土运动"，
乱占和滥用土地。现在部分城市仍热衷于修景观大道、城

市广场，广场越造越大，道路越修越宽，耕地越来越少。城市环境有恶化的趋势，生态环境质量亟待提高。由于长期粗放式的工业发展模式，工业废水和生活污水的大量排放，导致城市中的河流湖泊被大量污染，并因此而造成有"水乡"之誉的江苏的不少城市都存在水质性缺水的问题。

2019 年我国人均农作物播种面积 0.0527 公顷/人。而南京、无锡和苏州分别为 0.0294 公顷/人、0.0209 公顷/人、0.0194 公顷/人，远低于我国平均水平。2019 年全国人均水资源量为 2077.75 立方米/人，比 2018 年增长了 105.90 立方米/人，同比增长 5.37%。2019 年江苏人均水资源量为 287.45 立方米/人，比 2018 年减少了 183.19 立方米/人，降速为 38.92%。江苏年建成区面积 2000 年为 1548.7 平方千米、2010 年为 3271.1 平方千米，2019 为 4648.33 平方千米，20 年间增长了约 200%。

城镇生活污水总量逐年升高，已经成为污水的主要来源，由 2000 年的 14.74 亿吨增长为 2018 年的 44.03 亿吨。工业废水排放量 2000 年为 20.19 亿吨，2018 年为 14.36 亿吨，虽然有下降趋势，但仍然维持在较高水平。

五、城市发展各自为政，缺乏分工协作

由于传统条块分割行政管理体制的影响和改革的相对滞后，江苏区域经济发展呈现出与全国类似的"诸侯割

据"局面,各城市的发展目标缺乏明确的分工、定位和"协调作战",并且城市内部各部门之间也缺乏协作,这导致:一是城市群内各城市的产业结构趋同、功能类似,基础设施自成一体、重复建设,难以实现城市群发展的整体最佳。二是,城市化发展只求"量"不求"质"。城市政府迫于财政上的压力都把经济发展作为其主要任务,城市发展的其他目标(如社会事业发展)得不到应有的重视,城市基础设施对城市吸纳能力的制约较为严重。城市化发展不仅仅是看城市人口比重、城镇总体数量等,更要关注城镇人口结构素质、民生改善、工业发展的科技含量、生态承载力、生态宜居等问题。

第四章

江苏绿色城镇化空间分异格局

第一节　江苏绿色城镇化指标体系构建

研究内容上，一方面缺少以人为核心研究角度的绿色城镇化研究，以及从更多的细分层面如人口规模、人口流动、人口性质、人口结构、人均收入等方面来分析绿色城镇化的进展与程度①。另一方面，缺乏考虑资源环境承载力，绿色城镇化的发展不应超出其资源环境承载力。

基于前人研究，绿色城镇化从绿色人口、绿色经济、绿色社会、生态宜居四方面建立指标体系。具体内容如下：

绿色人口：从人口素质、人口结构、人口增速、人口

---

①　温鹏飞，刘志坚，郭文炯. 绿色城镇化国内研究综述［J］. 经济师，2016（11）：60-63.

规模，人口收入反映。

我国目前人口增长缓慢，有的地方甚至负增长，步入老龄化阶段，城镇化如果不注重绿色方向，极易出现人口结构不合理和人口素质下降等城市病，使城市发展偏离健康和谐的轨道。要有前瞻性地开展区域人口规划，突出绿色人口结构，提高人口素质以适应绿色城镇化的发展。随着城镇化的深入，人口规模结构对城市实现经济社会功能的影响越来越大。人口规模结构应当随着城市经济的绿色升级而主动做出调整，并与绿色城镇化发展相适应（罗勇，2014）[1]，其中，人口素质从大学教育程度、人均教育支出、文盲率等方面衡量。人口结构各因素中，年龄和性别是最基本最核心最重要的因素，人口结构中影响最大的是年龄结构和性别结构，年龄结构由人口出生率来衡量，理想的年龄结构应符合"人口低增长和长寿命"两大特征，人口低增长是指年出生人口的低增长（人口出生率理想值在 14.0‰ ~ 16.0‰），年出生人口急速增长（人口出生率高于 16.0‰）和负增长（人口出生率低于 14.0‰）均会使人口结构恶化。理想的性别结构应用同龄的男女性别人数相等或相近来衡量。男女比例越接近 1 认为是理想

---

① 罗勇. 城镇化的绿色路径与生态指向 [J]. 辽宁大学学报（哲学社会科学版），2014，42（6）：84 – 89.

的，大于 1 或小于 1 性别结构都失调。我国当前人口结构性矛盾：一是老龄化、未富先老；二是少子化严重。采用男女性别比减去 100 的绝对值来表示性别结构，越大表示比例失调越严重，所以为负向指标。由于不同年龄段人口数据不全，只用人口出生率和男女出生比例来表征人口结构。

绿色经济：主要表现为绿色产业，可分为以生态环保为特色的绿色农业、以绿色科技为导向的生态工业和以服务为导向的现代服务业。产业结构调整优化可以使落后产能、高污染企业退出，降低低效率企业市场占比，推动高转化率、低耗能企业的发展，有利于产业转型，调整绿色产业布局，促进产业绿色发展依靠科技创新、增加产品附加值来发展经济且低污染、低耗能、低排放；产业尤其是工业会对生态环境造成的影响较大，这里主要考虑工业污染。

绿色社会：表现为城市集聚集约。生产和生活领域的绿色消费，绿色通行，绿色环保产品的购买、废旧资源的回收利用、节约并高效使用能源、保护环境和多样化物种。另外民生改善，人民幸福是绿色社会的体现，要多层次地满足人们日益增长的需求，尤其是要大力推进基本公共服务的均等化（公交车数量、医疗教育均等程度、惠民政策、废弃物回收利用率），人民获得感增强。

生态宜居：既要绿水青山又要金山银山，做好城市规划，创造宜居生态环境。生产空间集约高效、生活空间宜居适度、生态空间山清水秀。

本书根据构建测度指标体系的指导思想，以及系统性、学科性、层次性、可行性、导向性原则，基于绿色城镇化的内涵，借鉴已有的研究成果，选取绿色人口、绿色经济、绿色社会、生态宜居等四个方面为一级指标，二级指标17个，三级指标28个，具体指标35个，构建绿色城镇化评价指标体系，如表4-1所示。

表 4—1 江苏绿色城镇化评价指标体系

一级指标	二级指标	三级指标	具体指标	指标性质	2005 年权重	2010 年权重	2015 年权重	2019 年权重	平均权重
绿色人口 (0.2782)	人口素质	大学教育程度	万人高等教育在校生数（人/万人）X_1	正	0.0398	0.0604	0.0696	0.0551	0.0562
		教育投入	人均教育支出（元/人）X_2	正	0.0338	0.06	0.027	0.0391	0.04
		提升环境	人均公共图书馆藏书量（册/人）X_3	正	0.0338	0.0385	0.0538	0.0349	0.0403
	人口结构	年龄结构	人口出生率（‰）X_4	>16‰ 或，<14‰ 为负向	0.0099	0.0024	0.0066	0.0041	0.0058
		性别结构	男女人口比例（%）X_5	>1 或，<1 为负向	0.0067	0.0153	0.0142	0.0171	0.0133
	人口规模	城镇人口规模	城镇人口数量（万人）X_6	正	0.026	0.0446	0.0426	0.0377	0.0377
		城镇化率	城镇人口比重（%）X_7	正	0.0204	0.035	0.0334	0.0297	0.0296

续表

一级指标	二级指标	三级指标	具体指标	指标性质	2005年权重	2010年权重	2015年权重	2019年权重	平均权重
绿色人口 (0.2782)	人口增速	人口增长	人口自然增长率（‰）X_8	正	0.0133	0.0388	0.0186	0.0206	0.0228
	人口收入	收入水平	在岗职工平均工资（元）X_9	正	0.0197	0.0239	0.0492	0.0373	0.0325
绿色经济 (0.3315)	经济效率	经济高效	人均GDP（元）X_{10}	正	0.0346	0.0357	0.0336	0.0329	0.0342
			第二产业增加值（亿元）X_{11}	正	0.0799	0.0489	0.0494	0.0493	0.0569
			第三产业增加值（亿元）X_{12}	正	0.0294	0.0525	0.051	0.0547	0.0469
	产业结构	产业结构合理	第二、第三产业增加值占GDP比重（%）X_{13}	正	0.0827	0.0246	0.0315	0.0333	0.043
	绿色生产	绿色产业	单位工业总产值废水排放量（吨/万元）X_{14}	负	0.0071	0.0217	0.0247	0.0136	0.0168
	科技创新	科技含量	科学技术支出占财政支出比重（%）X_{15}	正	0.1302	0.0144	0.0376	0.0293	0.0529
		创新能力	万人专利申请授权量（件/万人）X_{16}	正	0.0312	0.0517	0.0447	0.039	0.0417

续表

一级指标	二级指标	三级指标	具体指标	指标性质	2005年权重	2010年权重	2015年权重	2019年权重	平均权重
绿色经济(0.3315)	低碳经济	资源消耗	单位GDP电耗（千瓦时/万元）X_{17}	负	0.0109	0.0137	0.0125	0.0093	0.0116
		环境污染	单位GDP工业废水排放量（吨/万元）X_{18}	负	0.0095	0.0111	0.0165	0.0194	0.0141
		循环利用	一般工业固体废物综合利用率（%）X_{19}	正	0.0141	0.016	0.014	0.0096	0.0134
	城乡协调	城乡二元结构	城乡居民人均可支配收入比 X_{20}	负	0.0124	0.0135	0.0135	0.0231	0.0156
	集聚集约	空间集聚	人口密度（人/平方千米）X_{21}	正	0.018	0.0208	0.02	0.0319	0.0227
绿色社会(0.2036)	智能化	信息化	万人互联网用户（户/万人）X_{22}	正	0.028	0.0331	0.0384	0.043	0.0356
	低碳消费	绿色出行	每万人拥有公交车量（标台）X_{23}	正	0.1056	0.0381	0.0292	0.0521	0.0563
		节约资源	人均生活用水量（吨/人）X_{24}	负	0.0081	0.0275	0.0225	0.013	0.0178

续表

一级指标	二级指标	三级指标	具体指标	指标性质	2005年权重	2010年权重	2015年权重	2019年权重	平均权重
绿色社会（0.2036）	民生改善	医疗水平	万人执业（助理）医生数（人）X_{25}	正	0.0137	0.0225	0.0176	0.0439	0.0244
		就业程度	年末城镇登记失业人数占比（%）X_{26}	负	0.0104	0.0153	0.0261	0.0088	0.0152
		教育均等	普通小学师生比 X_{27}	负	0.0131	0.0148	0.0195	0.0164	0.016
生态宜居绿色城市（0.1868）	人居环境	居住环境	人均公共绿地面积（平方米/人）X_{28}	正	0.0293	0.0455	0.0151	0.0225	0.0281
			每平方千米二氧化硫排放量（吨/平方千米）X_{29}	负	0.0143	0.0093	0.0242	0.019	0.0167
			万人拥有公共厕所（座/万人）X_{30}	正	0.0465	0.0326	0.0275	0.0455	0.038

续表

一级指标	二级指标	三级指标	具体指标	指标性质	2005 年权重	2010 年权重	2015 年权重	2019 年权重	平均权重
生态宜居城市绿色城市（0.1868）	生态环境	资源环境承载力	人均水资源量（立方米/人）X_{31}	正	0.0213	0.0208	0.0321	0.0268	0.0253
			人均农作物播种面积（公顷/人①）X_{32}	正	0.0148	0.0311	0.033	0.0358	0.0287
			建成区绿化覆盖率（%）X_{33}	正	0.0173	0.0254	0.018	0.0234	0.021
		环境治理	城市生活垃圾无害化处理率（%）X_{34}	正	0.0074	0.0217	0.0209	0.0202	0.0176
			城镇生活污水集中处理率（%）X_{35}	正	0.0067	0.0185	0.0119	0.0085	0.0114

注：①实际数据按 1 亩＝0.0667 公顷换算。

第二节 江苏绿色城镇化测度与评价

一、熵值法

熵值法能较客观地确定绿色城镇化发展水平的指标权重，避免了主观性。其步骤是：主要是对 n 项评价指标，m 个被评对象问题中，定义第 j 项指标的熵值为 $e_j = -k \sum_{i=1}^{m} P_{ij} \ln P_{ij}$，其中 $P_{ij} = X_{ij} \Big/ \sum_{i=1}^{m} X_{ij}$，$k = \left(\dfrac{1}{\ln m} \right)$，定义了熵值之后，指标的权数 $W_j = \dfrac{g_j}{\sum\limits_{j=1}^{n} g_j} = \dfrac{1 - e_j}{\sum\limits_{j=1}^{n} (1 - e_j)}$，其中 $g_j = 1 - e_j$，g_j 为第 j 项指标的差异性系数，当 g_j 值越大，则指标 X_j 在综合评价中的重要性就越强。并根据各指标标准化值与权重，加权求和计算绿色城镇化 $f(x)$ 综合指数。$f(x) = \sum_{i=1}^{m} a_i x_i'$，$a$ 为权重，x_i' 为标准化值，m 为指标体系个数。

二、测度结果分析

运用熵值法对 2005 ~ 2019 年 15 年间江苏 13 个地级市 35 个指标标准化后赋权，得到绿色城镇化各个指标的权重，计算出各地级市的绿色人口、绿色经济、绿色社会、生态宜居以及绿色城镇化的指数值，如表4－2、表4－3和表4－4所示。

表4－2　　2005～2019年江苏13市绿色城镇化指数及排名

地区	城市	2005年	2010年	2015年	2019年	均值	排名
苏南	南京	0.743	0.6398	0.6602	0.7127	0.6889	1
	无锡	0.6391	0.6356	0.5841	0.5786	0.6094	3
	苏州	0.6037	0.6617	0.6708	0.6598	0.649	2
	常州	0.4635	0.4366	0.4963	0.4265	0.4557	4
	镇江	0.4004	0.4387	0.4781	0.3972	0.4286	5
苏中	扬州	0.3775	0.3954	0.414	0.402	0.3972	7
	南通	0.383	0.3896	0.4614	0.3857	0.4049	6
	泰州	0.2965	0.33	0.3547	0.2963	0.3194	9
苏北	徐州	0.3441	0.3479	0.3726	0.3676	0.3581	8
	盐城	0.2381	0.2702	0.3375	0.3057	0.2879	10
	连云港	0.2425	0.319	0.2488	0.267	0.2693	11
	淮安	0.2088	0.2495	0.2902	0.2762	0.2562	12
	宿迁	0.1527	0.2639	0.2687	0.2256	0.2277	13
均值		0.3918	0.4137	0.4336	0.4078	—	—

表4-3　　　　　　2019年和2015年江苏13市绿色城镇化分维测度结果

城市	2019年								2015年							
	绿色人口	排名	绿色经济	排名	绿色社会	排名	生态宜居	排名	绿色人口	排名	绿色经济	排名	绿色社会	排名	生态宜居	排名
南京	0.2363	1	0.2155	2	0.1703	1	0.0906	9	0.2888	1	0.1896	3	0.1158	4	0.066	12
无锡	0.1338	3	0.1922	3	0.1457	3	0.1068	5	0.1552	3	0.2143	2	0.124	2	0.0906	9
苏州	0.1862	2	0.263	1	0.16	2	0.0506	13	0.2169	2	0.2672	1	0.1274	1	0.0594	13
常州	0.1055	4	0.143	4	0.0942	6	0.0839	10	0.1168	4	0.1785	4	0.0955	6	0.1055	4
镇江	0.0935	5	0.116	6	0.1156	4	0.072	11	0.1106	5	0.1531	6	0.1202	3	0.0942	8
扬州	0.0815	8	0.1147	7	0.111	5	0.0947	8	0.0829	8	0.1343	7	0.0787	12	0.1181	2
南通	0.0822	7	0.1275	5	0.0697	10	0.1063	6	0.1075	6	0.1542	5	0.0895	7	0.1102	3
泰州	0.0469	12	0.1032	8	0.0779	8	0.0683	12	0.0496	10	0.1318	8	0.1022	5	0.0712	11
徐州	0.0874	6	0.0879	9	0.0822	7	0.11	4	0.0868	7	0.1016	9	0.0887	9	0.0955	7
盐城	0.0646	9	0.0597	10	0.0616	13	0.1198	1	0.0551	9	0.0646	11	0.089	8	0.1289	1
连云港	0.048	11	0.0417	12	0.0644	11	0.1129	3	0.0419	12	0.0403	13	0.0797	11	0.0869	10
淮安	0.05	10	0.0575	11	0.0734	9	0.0953	7	0.0461	11	0.0735	10	0.0692	13	0.1013	5
宿迁	0.0316	13	0.0186	13	0.0624	12	0.113	2	0.0358	13	0.0513	12	0.082	10	0.0996	6
均值	0.096	—	0.1185	—	0.0991	—	0.0942	—	0.1072	—	0.1349	—	0.0971	—	0.0944	—

表4-4　2010年和2005年江苏13市绿色城镇化分维测度结果

城市	2010年								2005年							
	绿色人口	排名	绿色经济	排名	绿色社会	排名	生态宜居	排名	绿色人口	排名	绿色经济	排名	绿色社会	排名	生态宜居	排名
南京	0.2381	1	0.1469	4	0.1201	2	0.1347	1	0.1719	1	0.32	1	0.1531	2	0.098	1
无锡	0.1569	3	0.2201	2	0.1376	1	0.121	2	0.11	3	0.267	3	0.188	1	0.0741	3
苏州	0.2027	2	0.2642	1	0.1191	3	0.0758	11	0.1201	2	0.3026	2	0.1338	3	0.0471	12
常州	0.1062	4	0.1177	7	0.1063	5	0.1063	4	0.0861	4	0.1793	6	0.1224	5	0.0757	2
镇江	0.0907	5	0.1329	5	0.1055	6	0.1096	3	0.0674	5	0.1823	4	0.1014	7	0.0493	10
扬州	0.0644	10	0.1218	6	0.1087	4	0.1004	6	0.0529	7	0.1456	7	0.124	4	0.055	9
南通	0.0686	8	0.1563	3	0.0775	10	0.0873	9	0.0425	9	0.1795	9	0.115	6	0.046	13
泰州	0.0557	13	0.0968	9	0.1052	7	0.0721	12	0.0402	10	0.1305	10	0.0681	9	0.0577	7
徐州	0.0732	7	0.1063	8	0.0894	8	0.079	10	0.0564	6	0.1391	6	0.101	8	0.0476	11
盐城	0.0661	9	0.069	10	0.069	11	0.0661	13	0.044	8	0.0937	8	0.0354	12	0.065	6
连云港	0.0624	12	0.0651	11	0.088	9	0.1036	5	0.03	12	0.1093	11	0.0372	10	0.0661	4
淮安	0.074	6	0.051	12	0.0346	13	0.0898	7	0.0374	11	0.0753	12	0.03	13	0.0661	5
宿迁	0.0627	11	0.0434	13	0.0681	12	0.0898	8	0.0247	13	0.0332	13	0.0361	11	0.0588	8
均值	0.1017	—	0.1224	—	0.0945	—	0.095	—	0.068	—	0.166	—	0.0958	—	0.062	—

整体来看（见表 4-2）。2005~2019 年 15 年间，江苏 13 个地级市绿色城镇化表现出波动中有下降趋势的城市有：南京、无锡、常州、镇江和泰州 5 市，主要集中在苏南，下降趋势最大的是无锡，下降近 10%。呈上升趋势的城市是徐州、苏州、南通、连云港、淮安、盐城、扬州、宿迁 8 市，其中上升趋势较大的有宿迁、淮安、盐城，分别上升约 47.74%、32.28%、28.39%。

从每年均值看，除了 2019 年的镇江市外，2005~2019 年苏南城市一直处于绿色城镇化发展指数的前五名，高于均值的城市分别是：南京、无锡、常州和苏州。2005 年和 2010 年绿色城镇化高于均值的城市相同，包括南京、无锡、常州、苏州和镇江 5 市。2015 年高于均值的城市是在 2005 年和 2010 年基础上增加了南通市。2019 年高于均值的城市只有南京、无锡、常州和苏州 4 市。

整体发展差距较大。从历年每个城市均值来看，绿色城镇化指数排名前三的依次是：南京、苏州和无锡 3 市。排名后三的依次是连云港、淮安和宿迁 3 市。排名第一的南京市绿色城镇化指数（0.6889）与排名最后的宿迁市（0.2277）相差 0.4612。大部分城市有不同程度的提升，但是地区之间差距较大，应提高较发达城市的辐射带动作用。苏南地区由于工业发达，省会城市南京固有的政治优势，拥有优质资源，绿色城镇化发展水平较高。

从准则层的权重排序可知（见表 4 - 1）。江苏绿色城镇化各维度依次为：绿色经济（0.3315）、绿色人口（0.2782）、绿色社会（0.2036）、生态宜居（0.1868）。绿色经济和绿色人口的发展是绿色城镇化发展的主要推动力，贡献率达到 61%。

从 35 个指标层权重看，大于权重均值（0.0286）的指标有 16 个，从大到小依次排序为：第二产业增加值、万人普通高校在校生数、每万人拥有公共汽车、科学技术支出占财政支出比重、第三产业增加值、第二、第三产业增加值占 GDP 比重、万人专利申请授权量、人均公共图书馆藏书、人均教育支出、万人拥有公共厕所、城镇人口数量、万人互联网用户、人均地区生产总值、在岗职工平均工资、城镇人口比重、人均农作物播种面积。其中，反映绿色经济和绿色人口指标各有 6 个，反映社会指标 3个，反映生态宜居指标 1 个。

第三节　江苏绿色城镇化空间分异格局

一、空间分异格局理论

空间分析是基于数据的分析技术，以地学原理为依托，通过分析算法，从空间数据中得出地理对象的空间位置、分布、形态、形成和演变等信息。空间分析理论包括空间关系理论、空间认知和理论、空间推理理论和空间数据分析的不确定性理论等。空间分析借鉴相关社会科学的方法和工具，提供了准确认识、评价和综合理解空间位置和空间相互作用重要性的方法。

新古典经济学忽视空间因素对经济活动的影响，在经济分析过程中并未考虑不同地域间空间相关性。因而，新经济地理开始将空间因素纳入一般均衡分析框架，研究经济活动的空间分布规律。

空间演化最基本的运动形式包括集聚、扩散或转移，主要是指空间要素在自组织或他组织的两种作用力下通过该运动形式，促使新的空间格局不断形成，即扩散与转移、空间等级体系、空间联系网络等在集聚区的演变。空间系统的自组织作用和过程起着重要作用。区域空间演化是区域内各组成要素的功能、结构等在这两种作用力下的在时间维上的变化。其包括空间形态的变化，相互作用、关联及隐性关系的景观变化，空间结构与组织的有机整合等。区域空间演化从空间尺度，时间维度，区域内主要要素空间结构的时空过程与格局，节点以及主要要素的相互作用关系演变的四方面加以理解分析。

自然断点法是一种根据数值统计分布规律分级和分类的统计方法，它能使类与类之间的不同最大化。任何统计数列都存在一些自然转折点、特征点，用这些点可以把研究的对象分成性质相似的群组，因此，裂点本身就是分级的良好界限。将统计数据制成频率直方图、坡度曲线图、积累频率直方图，都有助于找出数据的自然裂点。自然断点法运用了聚类的思维，它的核心思想与聚类一样：使每一组内部的相似性最大，而外部组与组之间的相异性最大。但是与聚类不一样的地方，聚类是不会关注每一类中的要素数量和范围的，而自然断点法在于它还会兼顾每一组之间要素的范围和个数尽量相近。自然断点法有两个称呼，一个就是直接英文名称，叫作"natural breaks"，还有一个就是 ArcGIS 平台里面用的，叫作"Jenks"，主要是来源于它的创造者：乔治·弗雷德里克·詹克斯（George Frederick Jenks）教授。"自然间断点"类别基于数据中固有的自然分组。将对分类间隔加以识别，可对相似值进行最恰当地分组，并可使各个类之间的差异最大化。要素将被划分为多个类，对于这些类，会在数据值的差异相对较大的位置处设置其边界。自然间断点是数据特定的分类，不适用于比较使用不同基础信息构建的多个地图。

二、总体空间分异格局

为了了解 2005～2019 年江苏绿色城镇化的空间格局，把 15 年来江苏 13 地级市绿色城镇化的均值分为四个等级，分析其层级特征。

（一）整体层级特征分析

采用自然断点法把 2005 年、2010 年、2015 年、2019 年江苏绿色城镇化指数均值分为四个等级。如表 4 - 5 所示，呈现较为明显的空间层级特征。其中，高水平地区（0.609 ~ 0.689）包括南京、苏州和无锡，均位于经济发达的江苏南部。较高水平地区（0.397 ~ 0.609）包括常州、镇江、扬州、南通 4 市，位于江苏南部和中部。在较低水平地区（0.319 ~ 0.397）的徐州和泰州，低分地区（0 ~ 0.319）的连云港、盐城、淮安和宿迁中，除了泰州属于江苏中部外，其余 5 市均位于苏北。江苏绿色城镇化呈明显的空间分异特征，绿色城镇化指数由南往北呈递减趋势。

表 4 - 5　江苏 13 市绿色城镇化指数均值的空间分布

层级类型	高水平	较高水平	较低水平	低水平
得分范围	0.609 ~ 0.689	0.397 ~ 0.609	0.319 ~ 0.397	< 0.319
城市	南京、苏州、无锡	常州、镇江、南通、扬州	泰州、徐州	盐城、淮安、宿迁、连云港

（二）江苏 13 市绿色城镇化层级特征演变

采用自然断点法，分别把 2005 年、2010 年、2015 年和 2019 年江苏 13 市绿色城镇化指数分为高、较高、较低和低区域四个类型区，如表 4-6 所示。

表 4-6　　2005 年、2010 年、2015 年、2019 年
江苏 13 市绿色城镇化空间变化

年份	高水平地区	较高水平地区	较低水平地区	低水平地区
2005	南京	苏州、无锡	徐州、镇江、扬州、常州、南通	盐城、淮安、宿迁、连云港、泰州
2010	南京、苏州、无锡	镇江、扬州、常州、南通	徐州、泰州、连云港	盐城、淮安、宿迁
2015	南京、苏州、无锡	镇江、常州、南通	徐州、扬州、盐城、泰州	淮安、宿迁、连云港
2019	南京、苏州	无锡	徐州、镇江、常州、南通、扬州	盐城、淮安、宿迁、连云港、泰州

2005 年绿色城镇化指数高类型区只有南京。较高类型区为苏州和无锡。较低类型区为镇江、扬州、常州、南通和徐州 5 市。低类型区域为泰州、盐城、淮安、宿迁、连云港 5 市。2010 年绿色城镇化指数高类型区只有南京、苏州和无锡。较高类型区为镇江、扬州、常州、南通。较低类型区为徐州、泰州、连云港。低类型区域为盐城、淮安、宿迁。2015 年绿色城镇化指数高类型区只有南京、苏州和无锡。较高类型区为镇江、常州、南通。较低类型区

为扬州、徐州、盐城、泰州。低类型区域为淮安、宿迁、连云港。2019年绿色城镇化指数高类型区只有南京和苏州。较高类型区为无锡。较低类型区为镇江、常州、南通、扬州、徐州。低类型区域为泰州、盐城、淮安、宿迁、连云港。

从2005~2019年绿色城镇化空间分布可以看出，13个地级市层级特征明显，较高和高类型地区变换较大。南京市一直处于绿色城镇化指数高类型区。淮安和宿迁一直处于绿色城镇化指数低类型区，整体上形成以苏南为核心的"中心—外围"。结构。苏北地区除了徐州外，呈现明显的低洼区域。

三、分维空间分异层级特征演变

（一）绿色人口空间分异层级特征

由表4-7可知，2005年绿色人口高水平地区只有南京，较高地区是苏州和无锡市，较低地区是常州、镇江、徐州、扬州，低水平地区是泰州、南通、连云港、宿迁、盐城、淮安。2010年绿色人口高水平地区包括南京和苏州，较高地区只有无锡，较低地区是常州和镇江，低水平地区是泰州、徐州、扬州、南通、连云港、宿迁、盐城、淮安。2015年绿色人口高水平地区只有南京，较高地区是苏州和无锡，较低地区是常州、镇江、南通、徐州、扬州，低水平地区是泰州、连云港、宿迁、盐城、淮安。
2019 年绿色人口高水平地区包括南京和苏州市，较高地区
只有无锡，较低地区是常州、镇江、南通、徐州、扬州，
低水平地区包括泰州、连云港、宿迁、盐城、淮安 5 市。

表 4 - 7　　　2005 年、2010 年、2015 年、2019 年

江苏 13 市绿色人口空间变化

年份	高水平地区	较高水平地区	较低水平地区	低水平地区
2005	南京	苏州、无锡	徐州、镇江、扬州、常州	盐城、淮安、宿迁、泰州、南通、连云港
2010	南京、苏州	无锡	镇江、常州	南通、扬州、徐州、连云港、泰州、盐城、淮安、宿迁
2015	南京	苏州、无锡	镇江、常州、南通、扬州、徐州	连云港、泰州、盐城、淮安、宿迁
2019	南京、苏州	无锡	常州、南通、镇江、徐州、扬州	盐城、淮安、宿迁、连云港、泰州

2005～2019 年江苏 13 市绿色人口较高以上水平集中
在苏南地区的南京、无锡和苏州，除了徐州处于较低水平
外，苏北其他地区均处于低水平地区。

（二）绿色经济空间分异层级特征

由表 4 - 8 可知，2005 年绿色经济高水平区域只有南
京、苏州和无锡，较高水平地区包括常州、镇江、南通。

较低水平地区包括徐州、扬州、连云港、泰州。低水平地区为苏北的盐城、淮安和宿迁。2010 年绿色经济高水平区域只有苏州和无锡，较高水平地区包括南京、镇江、南通。较低水平地区包括徐州、扬州、泰州和常州。低水平地区为苏北的连云港、盐城、淮安和宿迁。2015 年绿色经济高水平区域只有苏州市，较高水平地区包括南京、无锡和常州。较低水平地区包括镇江、徐州、扬州、泰州和南通。低水平地区同 2010 年没变。2019 年绿色经济高水平区域只有苏州市，较高水平地区包括南京和无锡。较低水平地区包括镇江、徐州、常州、扬州、泰州和南通。低水平地区同 2010 年、2015 年没变。

表 4 - 8　　　2005 年、2010 年、2015 年、2019 年
江苏 13 市绿色经济空间变化

年份	高水平地区	较高水平地区	较低水平地区	低水平地区
2005	南京、苏州、无锡	常州、镇江、南通	徐州、扬州、连云港、泰州	盐城、淮安、宿迁
2010	苏州、无锡	南京、镇江、南通	扬州、常州、徐州、泰州、	连云港、盐城、淮安、宿迁
2015	苏州	南京市、无锡、常州	镇江、徐州、扬州、泰州、南通	盐城、淮安、宿迁、连云港
2019	苏州	南京、无锡	徐州、镇江、常州、南通、扬州、泰州	盐城、淮安、宿迁、连云港

从 2005～2019 年绿色经济层级特征演变过程可以看出，层级特征明显，前三层级变化较大。苏北地区的盐城、淮安、宿迁和连云港一直处于低水平层级。苏州一直处于高水平层级。南京、无锡、常州、南通和镇江均有所下降，尤其常州，从 2005 年的高水平地区下降为 2019 年的较低水平。

(三) 绿色社会空间分异层级特征

从表 4-9 可知，2005 年绿色社会高水平地区为南京和无锡。较高水平地区为苏州、常州、镇江、南通、徐州、扬州，较低水平地区只有泰州，低水平地区为苏北的连云港、淮安、宿迁、盐城。2010 年绿色社会高水平地区为南京、苏州和无锡。较高水平地区为常州、镇江、泰州和扬州，较低水平地区包括南通、连云港、徐州、宿迁、盐城，低水平地区只有苏北的淮安。2015 年绿色社会高水平地区为南京、苏州和无锡和镇江。较高水平地区为常州和泰州，较低水平地区包括南通、徐州、盐城，低水平地区包括扬州和苏北的淮安、连云港、宿迁 3 市。2019 年绿色社会高水平地区为南京、苏州和无锡。较高水平地区为镇江和扬州，较低水平地区包括常州、泰州和徐州，低水平地区包括南通和苏北的淮安、连云港、宿迁、盐城 4 市。

表 4 – 9   2005 年、2010 年、2015 年、2019 年
江苏 13 市绿色社会空间变化

年份	高水平地区	较高水平地区	较低水平地区	低水平地区
2005	南京、无锡	苏州、常州、镇江、南通、徐州、扬州	泰州	连云港、淮安、宿迁、盐城
2010	南京、苏州、无锡	常州、镇江、泰州、扬州	南通、连云港、徐州、宿迁、盐城	淮安
2015	南京、苏州、无锡、镇江	常州、泰州	南通、徐州、盐城	宿迁、连云港、扬州、淮安
2019	南京、苏州、无锡	镇江、扬州	常州、泰州、徐州	南通、盐城、宿迁、连云港、淮安

从 2005～2019 年绿色社会空间分异层级演变特征可以看出，各层级间空间分异特征明显，空间转换较为剧烈。空间格局先从苏南向苏北方向有所转移，2019 年又回归苏南方向。南京和无锡一直处于高层级水平，淮安一直处于低层级没有变化。常州和南通下降明显，从 2005 年的高水平下降为 2019 年的较低水平。

（四）生态宜居空间分异层级特征

从表 4 – 10 可知，2005 年生态宜居高水平地区只有南京市，较高水平地区为无锡、常州、盐城、淮安、连云

港，较低水平地区包括泰州、宿迁、扬州，低水平地区为苏州、南通、徐州、镇江。2010 年生态宜居高水平地区只有南京和无锡，较高水平地区为常州、镇江连云港、扬州，较低水平地区包括南通、淮安、宿迁，低水平地区为苏州、徐州、盐城、泰州。2015 年生态宜居高水平地区只有盐城和扬州，较高水平地区为常州、南通、淮安、宿迁，较低水平地区包括无锡、镇江、徐州、连云港，低水平地区为南京、苏州、泰州。2019 年生态宜居高水平地区包括无锡、南通、盐城、宿迁、徐州、连云港，较高水平地区为常州、南通、淮安、扬州，较低水平地区包括镇江、泰州，低水平地区只有苏州。

表 4 – 10　2005 年、2010 年、2015 年、2019 年江苏
13 市生态宜居指数空间分布变化

年份	高水平地区	较高水平地区	较低水平地区	低水平地区
2005	南京	无锡、常州、盐城、淮安、连云港	泰州、宿迁、扬州	苏州、南通、徐州、镇江
2010	南京、无锡	常州、镇江、连云港、扬州	南通、淮安、宿迁	苏州、泰州、盐城、徐州
2015	盐城、扬州	常州、南通、淮安、宿迁	无锡、镇江、徐州、连云港	南京、苏州、泰州
2019	无锡、南通、盐城、宿迁、徐州、连云港	常州、南京、淮安、扬州	镇江、泰州	苏州

从 2005～2019 年江苏 13 市生态宜居水平空间分异特征演变可以看出，在空间上生态宜居水平空间层级特征较前三个维度弱。尤其是 2015 年和 2019 年，城市空间分异变化剧烈，各层级交错分布，整体上表现出从苏南向苏北转移的趋势。

小　结

基于空间分异格局理论，利用 ESDA 可视化，采用自然断点法把 2005 年、2010 年、2015 年、2019 年江苏 13 市绿色城镇化指数和分维度指数分为四个层级。得出：

（1）江苏绿色城镇化呈明显的空间分异特征，绿色城镇化指数由南往北呈递减趋势。从 2005～2019 年绿色城镇化空间分布可以看出，13 个地级市层级特征明显，较高类型与高类型地区变换较大。南京一直处于绿色城镇化指数高类型区。淮安和宿迁一直处于绿色城镇化指数低类型区，整体上形成以苏南为核心的"中心—外围"结构。苏北地区除了徐州外，呈现明显的低洼区域。

（2）2005～2019 年，除了生态宜居维度外，苏南和苏北各维度空间分异层级固化。较高以上水平集中在苏南地区，苏北其他地区大部分处于低水平地区。绿色经济层级特征演变过程可以看出，层级特征明显，前三层级变化

较大;绿色社会各层级间空间分异特征明显,空间转换较
为剧烈。空间格局先从苏南向苏北方向有所转移,2019年
又回归苏南方向。南京和无锡一直处于高层级水平,淮安
一直处于低层级没有变化。生态宜居水平层级特征不分
明。尤其是2015年和2019年,城市空间分异变化剧烈,
各层级交错分布,整体上表现出从苏南向苏北转移的
趋势。

第五章

江苏绿色城镇化空间
关联效应分析

第一节 探索性空间分析方法

基于空间经济学理论，空间单元上的某种经济地理现象或某一属性值与邻近地区同一现象或属性值普遍具有空间依赖性或空间自相关性特征①。探索性空间数据分析技术（ESDA）即是以空间关联测度为核心，通过对事物或现象空间分布格局的描述与可视化，以发现隐含在数据中的空间集聚与异常，揭示单元之间的某些空间特征、相互

---

① Anselin L, Rey S, Montouri B. Regional Income Convergence: A Spatial Econometric Perspective [J]. Regional Studies, 1991, 33 (2): 112 – 131.

作用机制和规律①②③。是基于地理信息系统（GIS）技术平台，利用统计学原理和图形及图表等相互结合对空间信息的性质进行分析、鉴别的一种"数据驱动"方法④。通过计算在空间不同位置上同一属性值的高、低值的聚集情况，并检验其与相邻地区是集聚、分散及相互独立或随机分布的过程。从空间异质性和关联性上刻画同一属性值空间分异格局和结构特征。ESDA 包括全局空间自相关和局域空间自相关⑤。

（一）全局空间自相关法

全局空间自相关有效揭示了变量在研究区域内的时空演变规律，而不是无序随机分布⑥⑦。通过全局空间自相

———————

① Messner S F, Anselin L, Baller R D, et al. The Spatial Patterning of County Homicide Rates: An Application of Exploratory Spatial Date Analysis [J]. Journal of Quantitative Criminology, 1999, 15 (4): 423 – 450.

② Hampson R E, Simeral J D, Deadwyler S A. Distribution of Spatial and Nonspatial Information in Dorsal Hippocampus [J]. Nature, 1999, 402 (6762): 610 – 614.

③ 杨慧. 空间分析与建模 [M]. 北京: 清华大学出版社, 2013: 143 – 152.

④ 孟斌, 王劲峰, 张文忠, 等. 基于空间分析方法的中国区域差异研究 [J]. 地理科学, 2005, 25 (4): 11 – 18.

⑤ 王远飞, 何洪林. 空间数据分析方法 [M]. 北京: 科学出版社, 2007: 110 – 119.

⑥ 黄飞飞, 张小林, 余华, 等. 基于空间自相关的江苏省县域经济实力空间差异研究 [J]. 人文地理, 2009 (6): 84 – 89.

⑦ 徐建华. 计量地理学 [M]. 北京: 高等教育出版社, 2006: 120 – 122.

关指数检验研究区域某一属性值在整个区域上的聚集趋势及其在整个区域的空间特征的描述。本书通过 GeoDa 软件的全局莫兰指数（Global Moran's I）来分析江苏各个城市之间绿色城镇化发展的空间关联和差异程度。其计算公式[①]如下：

$$I = \frac{n\sum\limits_{i=1}^{n}\sum\limits_{j=1}^{n}w_{ij}(x_i - \bar{x})(x_j - \bar{x})}{\sum\limits_{i=1}^{n}\sum\limits_{j=1}^{n}w_{ij}\sum\limits_{i=1}^{n}(x_i - \bar{x})^2} = \frac{\sum\limits_{i=1}^{n}\sum\limits_{j=1}^{n}w_{ij}(x_i - \bar{x})}{S^2\sum\limits_{i=1}^{n}\sum\limits_{j\neq1}^{n}w_{ij}}$$

$$S^2 = \frac{1}{n}\sum_i(x_i - \bar{x})^2 \quad \bar{x} = \frac{1}{n}\sum_{i=1}^{n}x_i$$

$$(5.1)$$

其中，I 为 Moran 指数；i 为区域的观测值；w_{ij} 为空间权重矩阵。GeoDa 软件关于空间权重矩阵主要分为两类：基于邻接关系和距离关系的空间权重矩阵。本书采取的是具有距离关系的空间权重矩阵。当区域 i 和 j 的距离小于 d 时，$w_{ij}=1$；当区域 i 和 j 的距离为其他时，$w_{ij}=0$。Moran 指数 I 的取值一般在 [-1, 1] 之间，大于 0 正相关，即属性值越大（较小）的区域在空间上显著集聚，值越趋近于 1，总体空间差异越小；当小于 0 表示负相关，即区域

[①] Anselin L. Local Indicators of Spatial Association – LISA [J]. Geographical Analysis, 1995, 27 (2): 93 – 115.

与其周边地区具有显著的空间差异，有分散分布趋势，值越趋近于 -1，总体空间差异越大；等于 0 表示不相关，且随机分布。

对于 Moran's I，采用正态分布假设来检验 n 个区域是否存在空间自相关关系，其标准化统计量 Z 计算公式为：

$$Z(I) = \frac{I - E(I)}{\sqrt{Var(I)}} \qquad (5.2)$$

其中，$E(I) = -\dfrac{1}{n-1}$ 为数学期望，$Var(I)$ 为方差。当 Z 为正且显著时，表明存在正的空间自相关，也就是说相似的观测值（高值或低值）趋于空间集聚；当 Z 为负且显著时，表明存在负的空间自相关，相似的观测值趋于分散分布；当 Z 值为零时，观测值呈独立性随机分布。对 I 值进行显著性检验时，在 5% 显著水平下，$Z(I)$ 大于 1.96 时，表示研究范围内某现象的分布有显著的关联性，亦即研究范围内存在空间单元彼此的空间自相关性；若 $Z(I)$ 值介于 -1.96 ~ 1.96，则表示研究范围内某现象的分布的关联性不明显，空间自相关较弱；若 $Z(I)$ 小于 -1.96 时，则表示研究范围某现象的分布的关联性不明显，呈现负的空间自相关[1]。当 $Z(I) >$

---

① 李连发，王劲峰. 地理空间数据挖掘 [M]. 北京：科学出版社，2014：42-47.

$Z_{P=0.05}$ 时，I 达到显著性水平；$Z(I) > Z_{P=0.01}$ 时，I 值达到极显著水平[1]。

（二）局部空间自相关法

全局空间自相关假定空间是同质的，即只存在一种充满整个区域的趋势。局域空间自相关指标（LISA）可以探索子区域的异质性，揭示具体的空间分布规律，衡量每个空间要素属性在"局部"的相关性质。以 LISA 法作图可以验证不同区域与其周边地区的集聚类型和显著性水平。

安泽林（Anselin）指出，地区间空间关联的局域分布模式可能会出现全局指标无法反映的"非典型"情况，甚至还会出现局域空间关联关系与全局相反的情况。一般采用局域空间自相关分析来揭示局部区域的空间集聚特征，所以有必要使用 LISA 来分析局域空间关联特征[2]。本书全局空间自相关指标 Moran's I 用于验证江苏绿色城镇化发展水平的空间分布，而局域空间自相关指标 LISA 则用于反映一个区域绿色城镇化水平与其周边地区之间的空间差异程度和差异的显著性。局部 Moran's I 公式如下：

---

① Anselin L. Local indicators of spatial association – LISA ［J］. Geographical Analysis, 1995, 27 (2)：93 – 115.

② Anselin L. The Future of Spatial Analysis in the Social Sciences ［J］. Geographic Information Sciences, 1999, 5 (2)：67 – 76.

$$I_j = \frac{(x_i - \bar{x})}{S^2} \sum_j w_{ij}(x_j - \bar{x}) \qquad (5.3)$$

Moran 散点图表现某个变量的观测值向量与它的空间滞后向量之间的相关关系，通过散点图的形式表现出来。其中横轴对应观测值向量，纵轴对应空间滞后向量，即该观测值邻域的加权平均。全局空间相关指数 Moran's I 就是空间滞后向量对观测值向量线性回归的斜率系数。局域自相关 Moran's I 散点图的四个象限，分别对应区域内相邻单元之间四种类型的局部空间集聚类型：高—高（H–H）、低—低（L–L）、高—低（H–L）和低—高（L–H）。其中，高—高（H–H）即某一空间单元自身和周边区域的绿色城镇化水平较高，即为通常所说的热点区；低—高（L–H）即某一空间单元绿色城镇化水平较低，周边地区较高，二者的空间差异程度较大；低—低（L–L）即某一空间单元和周边地区的绿色城镇化水平均较低，二者的空间差异程度较小；高—低（H–L）即某一空间单元绿色城镇化水平较高，周边地区较低。其中，第一象限属于扩散互溢区，第二象限属于极化效应区，第三象限属于低速增长区，第四象限属于落后过渡区①。

---

① 周亮，车磊，周成虎. 中国城市绿色发展效率时空演变特征及影响因素 [J]. 地理学报 2019，74（10）：2027–2044.

第二节　江苏绿色城镇化的空间关联性分析

一、各地级市绿色城镇化空间分异特征演变

（一）江苏13市绿色城镇化全局自相关分析

基于距离空间权重，对2005年、2010年、2015年、2019年江苏13市绿色城镇化指数进行空间自相关分析。从图5-1可知，Moran's I 从2005年的0.480，下降到2009年的0.464，2015年上升到0.581，2019年又逐渐下降到0.373，表明江苏13市绿色城镇化经历了从强集聚到弱集聚的过程。Moran's I 大于0，表明江苏绿色城镇化存在正的自相关，表示邻接地区特征类似的空间联系结构，即具有高水平的地区相互临近，较低水平的地区趋于相邻。符合城市化"核心—边缘"分异模式。

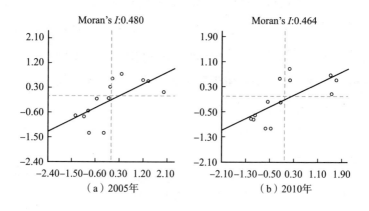

（a）2005年　　　　（b）2010年

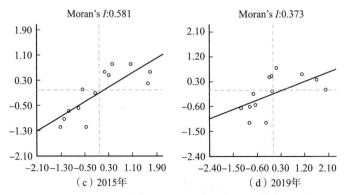

图 5 - 1　2005 年、2010 年、2015 年、2019 江苏 13 市绿色
城镇化指数全局自相关 Moran 散点图

通过 GeoDa 软件中的蒙特卡洛模拟 999 次检验结果
（见表 5 - 1），2005 年、2010 年、2015 年三年的 Moran's I
指数值在 1% 显著水平下，2019 年的 Moran's I 指数值在
5% 显著水平，计算出的 Z 值均大于 1.96，则表示研究范
围内城市化发展质量分布的关联性，存在明显的空间聚集
现象。Moran's I 较高，说明城市间的正向空间自相关性较
强，表现出较强的空间集聚特征。但是 4 年截面数据的
Moran's I 指数整体呈下降趋势，表明 2005～2019 年江苏
13 市绿色城镇化水平的高水平的地区的集聚能力有下降
趋势。

表 5 - 1   江苏 13 市绿色城镇化 Moran's *I* 检验

年份	Moran's *I*	*E* (*I*)	mean	sd	*Z* 值	*P* 值	显著水平	相关性	是否通过检验	分布格局
2005	0.480	- 0.0833	- 0.0835	0.2019	2.7920	0.005	1%	正	是	集聚
2010	0.464	- 0.0833	- 0.0787	0.2004	2.7089	0.005	1%	正	是	集聚
2015	0.581	- 0.0833	- 0.0794	0.2065	3.1960	0.001	1%	正	是	集聚
2019	0.373	- 0.0833	- 0.0963	0.1976	2.3744	0.013	5%	正	是	集聚

（二）江苏 13 市绿色城镇化局域自相关分析

为进一步表明江苏 13 个地级市 2005 年以来的绿色城镇化水平的具体演变特征，通过局部空间自相关方法，探索其空间关联模式和集聚类型（见表 5 - 2）。

表 5 - 2   江苏 13 市绿色城镇化指数局域自相关聚类分类

年份	高—高（H - H）类型	高—低（H - L）类型	低—高（L - H）类型	低—低（L - L）类型
2005	常州、镇江	无	无	淮安、宿迁
2010	无锡、常州、镇江	无	无	淮安、宿迁
2015	无锡、常州	无	无	淮安、宿迁
2019	常州	无	无	宿迁

从 2005 年局域 LISA 空间集聚结果可知，在 2005 年江苏 13 市绿色城镇化水平形成两种空间集聚类型及关联

模式，即高—高（H－H）类型、低—低（L－L）类型。高—高（H－H）类型分布在苏南的常州和镇江，形成高—高集聚区，即热点区域。低—低（L－L）类型分布在苏北的淮安和宿迁，即所谓的冷点区域。

从 2010 年局域 LISA 空间集聚结果可知，在 2010 年江苏 13 市绿色城镇化水平形成两种空间集聚类型及关联模式，即高—高（H－H）类型、低—低（L－L）类型。高—高（H－H）类型分布在苏南的无锡、常州和镇江，形成高—高集聚区，即热点区域。低—低（L－L）类型分布在苏北的淮安和宿迁，即所谓的冷点区域。其余区域不显著。

从 2015 年局域 LISA 空间集聚结果可知，在 2015 年江苏 13 市绿色城镇化水平形成两种空间集聚类型及关联模式，即高—高（H－H）类型、低—低（L－L）类型。高—高（H－H）类型分布在苏南的无锡和常州，形成高—高集聚区，即热点区域。低—低（L－L）类型分布在苏北的淮安和宿迁，即所谓的冷点区域。其余区域不显著。

从 2019 年局域 LISA 空间集聚结果可知，在 2019 年江苏 13 市绿色城镇化水平形成两种空间集聚类型及关联模式，即高—高（H－H）类型、低—低（L－L）类型。高—高（H－H）类型分布在苏南的常州，形成高—高集聚区，即热点区域。低—低（L－L）类型分布在苏北的宿迁，即所谓的冷点区域。

总之，2005～2019 年江苏 13 个地级市绿色城镇化水平空间分异显著，呈现出苏南和苏北分异的固化。绿色城镇化高水平地区即热点区域始终位于苏南，低水平地区即冷点区域始终位于苏北。

第三节　分维度空间关联性分析

一、绿色人口空间分异特征演变

（一）绿色人口全局自相关分析

从图 5 - 2 和表 5 - 3 可知，2005 年、2010 年、2015 年、2019 年的 Moran's I 指数值均大于 0，表明绿色人口存在正的自相关，通过 Geoda 软件中的蒙特卡洛模拟 999 次检验结，2010 年 $Z(I)$ 小于 1.96，通过 10% 的显著性检验，表明 2010 年绿色人口分布的关联性不明显，空间自相关较弱，表现出较弱的空间集聚特征。而 2005 年、2015 年、2019 年的 $Z(I)$ 均大于 1.96，且通过 5% 的显著性检验。Moran's I 指数值从 2005 年的 0.310 下降到 2019 年的 0.266，表明绿色人口有集中趋向分散分布的趋势。

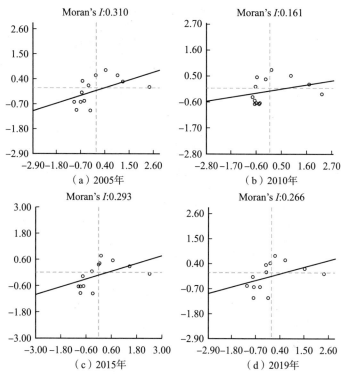

图 5 - 2　2005 年、2010 年、2015 年、2019 年江苏 13 市

绿色人口指数全局自相关 Moran 散点图

表 5 - 3　　　江苏 13 市绿色人口 Moran's I 检验

年份	Moran's I	E（I）	mean	sd	Z 值	P 值	显著水平	相关性	是否通过检验	分布格局
2005	0.310	- 0.0833	- 0.0843	0.1875	2.100	0.023	5%	正	是	集聚
2010	0.161	- 0.0833	- 0.0886	0.1875	1.3313	0.087	10%	正	是	集聚
2015	0.293	- 0.0833	- 0.0847	0.1906	1.9837	0.026	5%	正	是	集聚
2019	0.266	- 0.0833	- 0.0862	0.1790	1.9670	0.036	5%	正	是	集聚

（二）绿色人口局域自相关分析

由表 5 - 4 可知，常州地区始终处于绿色人口水平的高—高（H - H）类型即热点区域。2005 年形成三种空间关联模式，高—高（H - H）类型分布在常州地区，高—低类型（H - L）分布在镇江，低—低类型（L - L）分布在宿迁。2015 年形成两种空间关联模式，高—高（H - H）类型分布在常州地区，低—低类型（L - L）分布在淮安和宿迁。其他关联模型没有形成。2010 年和 2019 年局域自相关特征相同，只形成了高—高（H - H）类型分布在常州，其他三种类型没有形成。其他区域不显著。

表 5 - 4 　　江苏 13 市绿色人口局域自相关聚类分类

年份	高—高 （H - H）类型	高—低 （H - L）类型	低—高 （L - H）类型	低—低 （L - L）类型
2005	常州	无	镇江	宿迁
2010	常州	无	无	无
2015	常州	无	无	淮安、宿迁
2019	常州	无	无	无

二、绿色经济空间分异特征演变

（一）绿色经济全局自相关分析

从图 5 - 3 可知，2005 年、2010 年、2015 年、2019 年的 Moran's I 指数值均大于 0，且达到 0.5 左右，表明绿色经济存在较强的正的自相关，通过 GeoDa 软件中的蒙

特卡洛模拟 999 次检验结果见表 5 - 5，四个时间截面的
$Z(I)$ 值均大于 1.96，均通过 1% 的显著性检验，表明历
年绿色经济分布的关联性明显，表现出较强的空间集聚特
征。Moran's I 指数值从 2005 年的 0.488 至 2015 年的
0.680，空间集聚逐年增强，到 2019 年为 0.546，略有下
降。总之，绿色经济整体呈现较强的空间集聚特征。

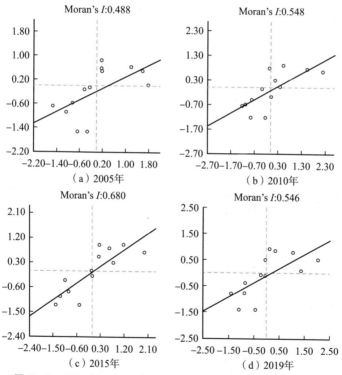

图 5 - 3 **2005 年、2010 年、2015 年、2019 年江苏 13 市绿色**

经济指数全局自相关 Moran 散点图

表 5 – 5 　　　　江苏 13 市绿色经济 Moran's *I* 检验

年份	Moran's *I*	*E* (*I*)	mean	sd	*Z* 值	*P* 值	显著水平	相关性	是否通过检验	分布格局
2005	0.488	– 0.0833	– 0.0867	0.1996	2.8796	0.003	1%	正	是	集聚
2010	0.548	– 0.0833	– 0.0978	0.1947	3.3184	0.002	1%	正	是	集聚
2015	0.680	– 0.0833	– 0.0818	0.1994	3.8215	0.001	1%	正	是	集聚
2019	0546	– 0.0833	– 0.0782	0.2020	3.0917	0.001	1%	正	是	集聚

（二）绿色经济局域自相关分析

江苏 13 个地级市绿色经济与周边地区的 LISA 聚集结果如表 5 – 6 所示。

表 5 – 6 　　　江苏 13 市绿色经济局域自相关聚类分类

年份	高—高 (H – H) 类型	高—低 (H – L) 类型	低—高 (L – H) 类型	低—低 (L – L) 类型
2005	无锡、常州、镇江	无	无	宿迁、淮安
2010	苏州、无锡	无	常州	宿迁、淮安
2015	苏州、无锡、常州、镇江	无	无	宿迁、淮安
2019	无锡、常州	无	无	宿迁、淮安

2005 年呈现两种集聚类型，高—高（H–H）类型分布在无锡、常州和镇江，低—低类型（L–L）分布在淮安和宿迁。其他类型没有形成。2010 年呈现三种集聚类型，高—高（H–H）类型分布在苏州和无锡，低—高（L–H）类型分布在常州，低—低类型（L–L）无变化，其他类型没有形成。2015 年呈现两种集聚类型，高—高（H–H）类型分布在苏州、无锡、常州和镇江，低—低类型（L–L）无变化。其他类型没有形成。2019 年呈现两种集聚类型，高—高（H–H）类型分布在无锡和常州，低—低类型（L–L）无变化。其他类型没有形成。

2005 年、2010 年、2015 年、2019 年江苏 13 市绿色经济低—低类型（L–L）区域即冷点区域始终在苏北的淮安和宿迁。高—高（H–H）类型即热点区域集中分布在长三角城市群。

三、绿色社会空间分异特征演变

（一）绿色社会全局自相关分析

从图 5 – 4 可知，2005 年、2010 年、2015 年、2019 年江苏 13 市绿色社会的 Moran's I 指数值均大于 0，表明存在正的自相关，通过 GeoDa 软件中的蒙特卡洛模拟 999 次检验结果见表 5 – 7，四个时间截面的 $Z(I)$ 值均大于 1.96，除了 2015 年通过 5% 显著性，其他三个时间截面均通过 1% 的显著性检验，表明历年绿色社会分布的关联性明显，表现出较强的空间集聚特征。Moran's I 指数值从 2005 年的 0.489 至 2019 年的 0.314，空间集聚呈逐年下降趋势。

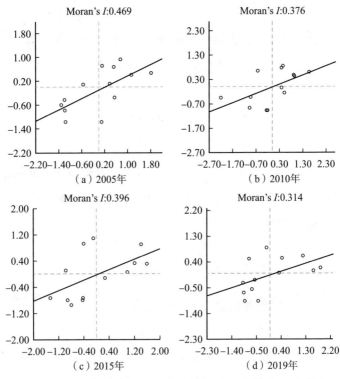

图 5-4　2005 年、2010 年、2015 年、2019 年江苏 13 市绿色

社会指数全局自相关 Moran 散点图

表 5 - 7　　　　　江苏 13 市绿色社会 Moran's I 检验

年份	Moran's I	$E(I)$	mean	sd	Z 值	P 值	显著水平	相关性	是否通过检验	分布格局
2005	0.469	- 0.0833	- 0.0764	0.2057	2.6537	0.005	1%	正	是	集聚
2010	0.376	- 0.0833	- 0.0866	0.2000	2.3115	0.008	1%	正	是	集聚
2015	0.396	- 0.0833	- 0.0767	0.2030	2.3302	0.012	5%	正	是	集聚
2019	0.314	- 0.0833	- 0.0968	0.2077	1.9769	0.026	1%	正	是	集聚

（二）绿色社会局域自相关分析

从表 5 - 8 可知，2005 年江苏 13 个地级市绿色社会与周边地区的空间关联模式有两种，高—高（H - H）类型分布在苏州、无锡、常州和镇江，低—低类型（L - L）分布在宿迁。2010 年的空间关联模式有两种，高—高（H - H）类型分布在无锡、常州和镇江，低—低类型（L - L）无变化。2015 年的空间关联模式有三种，高—高（H - H）类型分布在无锡，低—高（L - H）类型分布在常州，低—低类型（L - L）在淮安和宿迁。2019 年的空间关联模式有三种，高—高（H - H）类型分布在无锡和镇江，低—高（L - H）类型分布在常州，低—低类型（L - L）在宿迁。其他区域不显著。

表5-8   江苏13市绿色社会局域自相关聚类分类

年份	高一高 (H-H) 类型	高一低 (H-L) 类型	低一高 (L-H) 类型	低一低 (L-L) 类型
2005	苏州、无锡、 常州、镇江	无	无	宿迁
2010	无锡、常州、 镇江	无	无	宿迁
2015	无锡	无	常州	淮安、宿迁
2019	无锡、镇江	无	常州	宿迁

四、生态宜居空间分异特征演变

(一) 生态宜居全局自相关分析

从图5-5可知，江苏13市2005年和2015年的生态宜居水平 Moran's I 指数值小于0，没有通过显著性检验。2010年 Moran's I 指数值大于0，通过10%显著性检验，但是 Z 值在 [-1.96, +1.96] 区间，空间关联性不明显，空间自相关较弱。2019年 Moran's I 指数值大于0，也没有通过显著性检验。

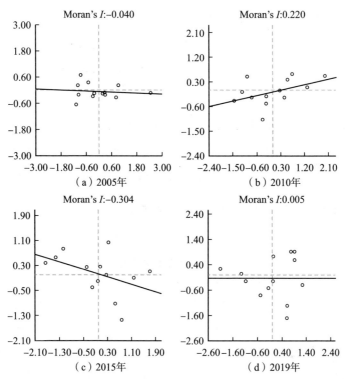

图 5 - 5 2005 年、2010 年、2015 年、2019 年江苏 13 市
生态宜居指数全局自相关 Moran 散点图

表 5 - 9 江苏 13 市生态宜居 Moran's I 检验

年份	Moran's I	E (I)	mean	sd	Z 值	P 值	显著水平	相关性	是否通过检验	分布格局
2005	-0.040	-0.0833	-0.0921	0.1876	0.2770	0.359	不显著	负	否	随机
2010	0.220	-0.0833	-0.0966	0.2047	1.5477	0.055	10%	正	是	集聚
2015	-0.304	-0.0833	-0.0786	0.1980	-1.1377	0.115	不显著	负	否	随机
2019	0.005	-0.0833	-0.0963	0.1977	0.5127	0.294	不显著	正	否	随机

（二）生态宜居局域自相关分析

从表5-10可知，2005年只有低—高（L-H）一种
类型区分布在镇江。2010年只有高—高（H-H）一种类
型区分布在镇江。2015年形成三种空间关联模式，高—高
（H-H）类型区分布在淮安，高—低（H-L）类型区分
布在常州和南通，低—高（L-H）类型区分布在泰州。
2019年形成两种空间关联模式，高—低类型区分布在无锡
和南通，低—低类型区分布在常州。

表5-10　　江苏13市生态宜居局域自相关聚类分类

年份	高—高 （H-H）类型	高—低 （H-L）类型	低—高 （L-H）类型	低—低 （L-L）类型
2005	无	无	镇江	无
2010	镇江	无	无	无
2015	淮安	常州、南通	泰州	无
2019	无	无锡、南通	无	常州

小　　结

基于空间经济学理论，运用 ESDA 探索性空间数据分析
技术，采用距离空间权重，对2005年、2010年、2015年、
2019年江苏13市绿色城镇化及分维指数进行全局和局域的

空间自相关分析，探索其空间分异特征及规律。得出：

（1）2005 年、2010 年、2015 年、2019 年江苏 13 个地级市绿色城镇化水平空间分异显著，呈现出苏南和苏北分异的固化，绿色城镇化高水平地区即热点区域始终位于苏南，低水平地区即冷点区域始终位于苏北。全局自相关空间集聚特征较强，2005 年、2010 年、2015 年通过 1%显著性检验，2019 年通过 5% 显著性检验。空间分异特征符合城市化"核心—边缘"分异模式。局域自相关形成即高—高（H－H）类型和低—低（L－L）两种类型。

（2）2005 年、2010 年、2015 年、2019 年江苏 13 个地级市除了生态宜居维度外，绿色人口、绿色经济、绿色社会维度均通过显著性检验，具有正的空间自相关特征，集聚特征明显。其中，绿色人口的高—高（H－H）类型即热点区域始终是常州地区。2005 年形成的高—低类型（H－L）的空间关联模式分布在镇江，低—低类型（L－L）分布在宿迁。绿色经济低—低类型（L－L）区域即冷点区域始终在苏北的淮安和宿迁。高—高（H－H）类型即热点区域主要集中分布在长三角城市群区域。绿色社会低—低类型（L－L）区域即冷点区域始终在苏北宿迁，高—高（H－H）类型即热点区域集中分布在长三角城市群。生态宜居的 Moran's I 指数值只有在 2010 年大于 0，通过 10% 显著性检验，其他年份没有通过显著性检验，表明空间分异特征呈分散分布。

第六章

江苏绿色城镇化协调
发展研究

第一节 绿色城镇化的协调发展模型构建

系统之间或系统内部要素之间协调状况好坏直接影响整体绿色城镇化水平。基于已有研究，建立协调发展水平和效益综合平衡的协调性评价模型，公式如下[①]：

$$C = \left\{ \frac{P \times E \times S \times L}{\left[\frac{(P + E + S + L)}{4} \right]^4} \right\}^{1/4} \quad (1) \quad D = \sqrt{C \cdot T}$$

$$(6.1)$$

其中，C 为各子系统之间的相互协调程度，D 为整体的协调发展程度，$0 < C < 1$，$0 < D < 1$；P 为绿色人口系

---

① 王淑佳，孔伟，任亮，等．国内耦合协调度模型的误区及修正 [J]．自然资源学报，2021，36（3）：793－810．

统，E 为绿色经济系统，S 为绿色社会系统，L 为生态宜居系统。其中，协调度 C 刻画各维度发展的协调性，显示系统间相互作用的强弱，D 度量总系统整体的协调发展水平。T 为整体系统发展得分，$T = \alpha P + \beta E + \chi S + \delta L$，因各维度同等重要，取 $\alpha = \beta = \chi = \delta = 0.25$。当 C 和 D 的值接近 1 时，此时的耦合度和协调度极高，表示整个系统处于协调提升阶段；反之，当 C 和 D 的值接近 0 时，此时的耦合度和协调度极低，表示整个系统处于失调衰退阶段[①]。将耦合度 C 值划分为四个阶段：（0.80 ~ 1.00）耦合阶段，（0.60 ~ 0.8）磨合阶段，（0.60 ~ 0.8）拮抗阶段，（0.60 ~ 0.8）分离阶段；根据 D 值评价结果分为以下 10 种协调类型：优质协调（0.90 ~ 1.00）、良好协调（0.80 ~ 0.89）、中级协调（0.70 ~ 0.79）、初级协调（0.60 ~ 0.69）、勉强协调（0.50 ~ 0.59）、濒临失调（0.40 ~ 049）、轻度失调（0.30 ~ 0.39）、中度失调（0.20 ~ 0.29）、严重失调（0.10 ~ 0.19）、极度失调（0 ~ 0.09）[②]。

① 牛文浩，申淑虹，张蚌蚌. 中国乡村振兴 5 个维度耦合协调空间格局及其影响因素 [J]. 中国农业资源与区划，2021，42（7）：218 – 231.

② 李裕瑞，王婧，刘彦随，等. 中国"四化"协调发展的区域格局及其影响因素 [J]. 地理学报，2014，69（2）：199 – 212.

第二节 绿色城镇化协调性测度及评价

一、测度结果及评价

通过协调性评价模型，结合绿色城镇化各维度指数分值，计算出 2005 年、2010 年、2015 年、2019 年江苏 13 个地级市绿色城镇化四个维度的耦合度和耦合协调发展状况，如表 6 - 1、表 6 - 2 和表 6 - 3 所示。

6 - 1　　2005 ~ 2019 年江苏 13 市耦合度（C）测度

城市	2005 年	2010 年	2015 年	2019 年
南京	0.9125	0.9642	0.8666	0.9397
无锡	0.8901	0.9745	0.9521	0.978
苏州	0.8152	0.8962	0.8628	0.8555
常州	0.9438	0.999	0.9703	0.9798
镇江	0.8844	0.9907	0.9845	0.9819
扬州	0.9021	0.9733	0.9745	0.9909
南通	0.8324	0.9473	0.9803	0.9735
泰州	0.909	0.9699	0.9363	0.9617
徐州	0.911	0.9899	0.998	0.9937
盐城	0.9323	0.9998	0.9471	0.9557
连云港	0.8786	0.9779	0.9402	0.9253

城市	2005 年	2010 年	2015 年	2019 年
淮安	0.9313	0.9385	0.9626	0.9698
宿迁	0.9509	0.9677	0.9264	0.8

表 6 – 2 　　2005 年、2010 年、2015 年、2019 年
江苏 13 地级市耦合协调度（D）

区域	城市	2005 年	2010 年	2015 年	2019 年	均值	排名
苏南	南京	0.4117	0.3927	0.3782	0.4092	0.398	1
	无锡	0.3771	0.3935	0.3729	0.3761	0.3799	2
	苏州	0.3507	0.3851	0.3804	0.3756	0.373	3
	常州	0.3307	0.3302	0.347	0.3233	0.3328	4
	镇江	0.2975	0.3296	0.343	0.3122	0.3206	5
苏中	扬州	0.2918	0.3101	0.3176	0.3155	0.3088	6
	南通	0.2823	0.3038	0.3363	0.3064	0.3072	7
	泰州	0.2596	0.2828	0.2882	0.2669	0.2744	9
苏北	徐州	0.2799	0.2934	0.3049	0.3021	0.2951	8
	盐城	0.2356	0.2599	0.2827	0.2703	0.2621	10
	连云港	0.2308	0.2793	0.2418	0.2485	0.2501	11
	淮安	0.2205	0.2419	0.2642	0.2588	0.2464	12
	宿迁	0.1906	0.2527	0.2495	0.2124	0.2263	13
均值		0.2891	0.3119	0.3159	0.3059	—	—

表 6 - 3　2005 年、2010 年、2015 年、2019 年江苏 13

地级市绿色城镇化各维度协调发展水平划分

区域	城市	2005 年	2010 年	2015 年	2019 年	均值协调水平
苏南	南京	濒临失调	轻度失调	轻度失调	濒临失调	轻度失调
	无锡	轻度失调	轻度失调	轻度失调	轻度失调	轻度失调
	苏州	轻度失调	轻度失调	轻度失调	轻度失调	轻度失调
	常州	轻度失调	轻度失调	轻度失调	轻度失调	轻度失调
	镇江	中度失调	轻度失调	轻度失调	轻度失调	轻度失调
苏中	扬州	中度失调	轻度失调	轻度失调	轻度失调	轻度失调
	南通	中度失调	轻度失调	轻度失调	轻度失调	轻度失调
	泰州	中度失调	中度失调	中度失调	中度失调	中度失调
苏北	徐州	中度失调	中度失调	轻度失调	轻度失调	中度失调
	盐城	中度失调	中度失调	中度失调	中度失调	中度失调
	连云港	中度失调	中度失调	中度失调	中度失调	中度失调
	淮安	中度失调	中度失调	中度失调	中度失调	中度失调
	宿迁	严重失调	中度失调	中度失调	中度失调	中度失调

从表 6 - 1 可知，2005 ~ 2019 年江苏 13 市耦合度（C）在 0.8 ~ 0.9998，表明 13 市四个维度均处在耦合阶段，无拮抗和分离阶段，且四个维度之间良性耦合并向协调方向发展，关联程度高，相互作用程度大。也表明各维度并不是各自发展，而是兼存在紧密的相互依赖、相互作用关系，但高水平的耦合阶段并不代表高水平的发展阶段。高水平的耦合也不代表高水平的协调发展。

由表 6 - 2 和表 6 - 3 可知，整体协调水平偏低，在波动中呈上升趋势。虽然江苏 13 市绿色城镇化各维度耦合度较好，但整体耦合协调发展水平均处于失调阶段，2005～2019 年 13 市整体协调水平在 0.1906～0.4117，均值在 0.2263～0.398。2005 年，协调度大于均值的城市有 6 个，2010 年有 5 个城市，2015 年和 2019 年均有 7 个城市。2005 年、2010 年、2015 年、2019 年江苏 13 个地级市绿色城镇化的协调发展度，除了南京、无锡和苏州在波动中有下降趋势外，其余 13 市协调度有上升趋势。江苏 13 个地级市绿色城镇化各维度协调水平较低，整体处于失调阶段，失调类型分别为：濒临失调 (0.40～0.49)、轻度失调 (0.30～0.39)、中度失调 (0.20～0.29)、严重失调 (0.10～0.19)。其中，南京只有在 2005 年和 2019 年度处于濒临失调阶段，其余年份处于轻度失调阶段。宿迁在 2005 年处于严重失调阶段，其余年份处于中度失调阶段。可以看出，苏南协调程度高于苏中和苏北大部分城市。2005～2019 年，苏南地区轻度失调类型占比 85%，苏北中度失调类型占比 85%，苏中地区中度失调和轻度失调各占 50%。整体协调度表现为：苏南＞苏中＞苏北。

2005 年，江苏 13 市失调类型有濒临失调、轻度失调、中度失调和严重失调。濒临失调只有南京，严重失调只有宿迁，大部分城市属于中度失调。2010 年，江苏 13 市失调类型有轻度失调和中度失调。轻度失调 7 个城市，中度失调 6 个城市。2015 年，江苏 13 市失调类型有轻度失调和中度失调。轻度失调 8 个城市，中度失调 5 个城市。2019 年，江苏 13 市失调类型有濒临失调、轻度失调和中度失调。濒临失调只有南京，中度失调城市 5 个，轻度失调 7 个城市。从 2005～2015 年，南京市经历了濒临失调—轻度失调—濒临失调过程。苏州、无锡、常州轻度失调没有改变，泰州、盐城、连云港和淮安中度失调没有改变，镇江、扬州、南通和徐州从中度失调发展为轻度失调，宿迁从严重失调发展为中度失调。

二、耦合协调发展空间自相关分析

（一）全局自相关

基于距离空间权重，对 2005 年、2010 年、2015 年、2019 年江苏 13 市绿色城镇化协调发展度进行空间自相关分析。Moran's I 大于 0，表明存在正的自相关。通过 GeoDa 软件中的蒙特卡洛模拟 999 次检验结果（见图 6－1 和表 6－4），以正态分布 95% 置信区间双侧检验阈值 1.96 为界限，Z 值均大于 1.96，P 值均在 1% 显著水平下通过显著性检验，表明江苏 13 市绿色城镇化耦合协调度在 99% 的显著水平下存在空间自相关关系，耦合协调度存在明显的空间聚集现象。Moran's I 较高，说明城市间的正向空间自相关性较强，表现出较强的空间集聚特征。但是四年截面数据的

Moran's I 指数整体呈下降趋势，从 2005 年的 0.531 上升到 2015 年 0.681，2019 年又逐渐下降到 0.480，表明 2005~2019 年江苏 13 市耦合协调水平的集聚能力有下降趋势。也即城市之间耦合协调度的空间集聚状态有所减弱。表明耦合协调度的 Moran's I 表现有下降的趋势。

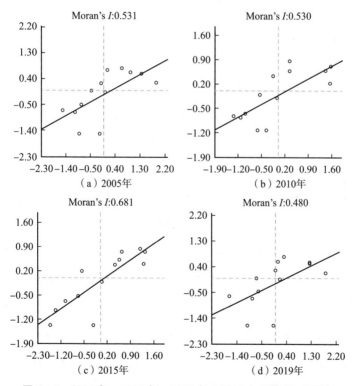

图 6-1　2005 年、2010 年、2015 年、2019 年江苏 13 市绿色
城镇化耦合协调度全局自相关 Moran 散点图

表6-4 江苏13市绿色城镇化各维度协调

发展度 Moran's *I* 检验

年份	Moran's *I*	*E*(*I*)	mean	sd	*Z* 值	*P* 值	显著水平	相关性	是否通过检验	分布格局
2005	0.531	-0.0833	-0.0938	0.2042	3.0602	0.002	1%	正	是	集聚
2010	0.530	-0.0833	-0.0810	0.2035	3.0001	0.002	1%	正	是	集聚
2015	0.681	-0.0833	-0.0883	0.2088	3.6847	0.001	1%	正	是	集聚
2019	0.480	-0.0833	-0.0905	0.2049	2.7831	0.002	1%	正	是	集聚

（二）局域自相关

由表6-5可知，江苏13市绿色城镇化耦合协调度在2005~2019年形成高—高（H-H）类型区和低—低（L-L）类型区两种类型，其他类型区域没有形成。高—高（H-H）类型区即热点区域从2005年的常州、镇江2个城市，扩大到2010年的无锡、常州、镇江3个城市，进一步扩大到2015年的苏州、无锡、常州、镇江4个城市，到2019年减少为2005年的常州、镇江2个城市。表明空间集聚特征从2005年到2015年逐渐增强，到2019年集聚特征有所下降。这些城市发展水平对区域耦合协调度带动作用较强。而低—低（L-L）类型即冷点区域，在2005~2015年一直是宿迁和淮安2个城市，而到2019年减少为宿迁1个城市。表明江苏绿色城镇化耦合协调度的两极化趋势有所缓解。这些城市发展水平较低，耦合协调度较弱。

表6－5　江苏13市绿色城镇化分维度协调发展度局域自相关聚类分类

年份	高—高 （H－H）类型	高—低 （H－L）类型	低—高 （L－H）类型	低—低 （L－L）类型
2005	常州、镇江	无	无	淮安、宿迁
2010	无锡、常州、镇江	无	无	淮安、宿迁
2015	苏州、无锡、常州、镇江	无	无	淮安、宿迁
2019	常州、镇江	无	无	宿迁

第三节　绿色城镇化耦合协调发展的成因分析

2005 年以来江苏 13 个地级市绿色城镇化协调发展程度之所以这么低，究其原因是江苏 13 市绿色社会和生态宜居水平较低，滞后于绿色人口和绿色经济的发展，拉低了整体协调水平。从各维度均值来看，见表 6－6，2005～2019 年江苏 13 市绿色经济综合得分始终处于最高水平，生态宜居维度始终处于较低水平。表明绿色经济是耦合协调度的最大贡献因子，但是其在波动中呈下降趋势。绿色人口、绿色社会和生态宜居维度波动中呈增长趋势。

表6-6　　2005~2019年江苏13市各维度均值变化

分类	2005 年	2010 年	2015 年	2019 年
绿色人口	0.068	0.1017	0.1072	0.096
绿色经济	0.166	0.1224	0.1349	0.1185
绿色社会	0.0958	0.0945	0.0971	0.0991
生态宜居	0.062	0.095	0.0944	0.0942

一、2005 年回归结果分析

从表4-1可知，2005年各维度指标权重排名前两位的共计9个指标作为自变量，分别是万人高等学校在校生数（X_1）、人均教育支出（X_2）、人均公共图书馆藏书量（X_3）、第二产业增加值（X_{11}）、第二、第三产业增加值占 GDP 比重（X_{13}）万人专利申请授权量（X_{16}）、每万人拥有公共汽车（X_{23}）、人均绿地面积（X_{28}）、万人拥有公共厕所（X_{30}）。2005年的耦合协调指数作为因变量 Y_1 建立回归模型，借助 EVIEWS 10.0，进行回归分析，结果如表6-7所示。

表 6 - 7   2005 年回归结果

自变量	系数	标准误	T 值	P 值
$\log X_1$	0.033686	0.028314	1.189706	0.3197
$\log X_2$	0.123998	0.086546	1.432731	0.2474
$\log X_3$	0.049058	0.035871	1.367626	0.2649
$\log X_{11}$	0.073144	0.034323	2.131056	0.1229
$\log X_{13}$	- 0.578291	0.399743	- 1.446656	0.2438
$\log X_{16}$	- 0.014801	0.015434	- 0.959023	0.4083
$\log X_{23}$	0.116736	0.033565	3.477912	0.0401
$\log X_{28}$	0.055956	0.018116	3.088653	0.0538
$\log X_{30}$	0.015926	0.021756	0.732029	0.5172
C	- 0.236714	0.648282	- 0.365141	0.7392
R^2	0.995993	被解释变量的样本均值		- 0.548851
调整后的 R^2	0.983972	被解释变量样本标准误差		0.096937
回归残差的标准误差	0.012272	赤池信息准则		- 5.890808
残差平方和	0.000452	施瓦茨信息准则		- 5.456232
对数似然估计函数值	48.29025	汉南 - 奎因准则		- 5.980133
F 统计量	82.85547	DW 检验		2.689693
F 统计量的 P 值	0.001952			

    在 2005 年,$\log X_{23}$、$\log X_{28}$分别通过 5%、10% 的显著性检验。表明每万人拥有公共汽车($\log X_{23}$)、人均绿地面积($\log X_{28}$)对绿色城镇化耦合协调发展有正向促进作用。并且前者回归系数大于后者,表明绿色出行的低碳消费模

式更有利于绿色城镇化的耦合协调。其余指标不显著。

二、2010 年回归结果分析

从表 4－1 可知，2010 年各维度指标权重排名前两位的共计 8 个指标作为自变量，分别是万人高等学校在校生数（X_1）、人均教育支出（X_2）、第三产业增加值（X_{12}）、万人专利申请授权量（X_{16}）、万人互联网用户（X_{22}）、每万人拥有公共汽车（X_{23}）、人均绿地面积（X_{28}）、万人拥有公共厕所（X_{30}）。2010 年的耦合协调指数作为因变量 Y_2 建立回归模型，借助 EVIEWS 10.0，进行回归分析，结果如表 6－8 所示。

表 6－8　　　　　　　　　2010 年回归结果

自变量	系数	标准误	T 值	P 值
$\log X_1$	0.002427	0.012147	0.199817	0.8514
$\log X_2$	0.014151	0.037337	0.379024	0.7239
$\log X_{12}$	0.065911	0.019546	3.372102	0.0280
$\log X_{16}$	0.027473	0.011430	2.403653	0.0741
$\log X_{22}$	0.111523	0.039000	2.859581	0.0459
$\log X_{23}$	0.017904	0.023832	0.751251	0.4943
$\log X_{28}$	0.083133	0.014409	5.769371	0.0045
$\log X_{30}$	0.005526	0.016480	0.335304	0.7542

自变量	系数	标准误	T 值	P 值
C	− 1. 274322	0. 114161	− 11. 16248	0. 0004
R^2	0. 996134	被解释变量的样本均值	− 0. 511424	
调整后的 R^2	0. 988401	被解释变量样本标准误差	0. 071382	
回归残差的标准误差	0. 007688	赤池信息准则	− 6. 692387	
残差平方和	0. 000236	施瓦茨信息准则	− 6. 301269	
对数似然估计函数值	52. 50052	汉南 − 奎因准则	− 6. 772780	
F 统计量	128. 8193	DW 检验	2. 157841	
F 统计量的 P 值	0. 000148			

2010 年，$\log X_{12}$、$\log X_{16}$、$\log X_{22}$、$\log X_{28}$ 通过显著性检验，其中，$\log X_{12}$、$\log X_{22}$ 通过 5% 的显著性检验，$\log X_{16}$ 通过 10% 的显著性检验，$\log X_{28}$ 通过 1% 的显著性检验。表明第三产业增加值（X_{12}）、万人专利申请授权量（X_{16}）、万人互联网用户（X_{30}）、人均绿地面积（X_{28}）有利于绿色城镇化耦合协调发展。回归系数从大到小排序为：$\log X_{22} > \log X_{28} > \log X_{12} > \log X_{16}$。表明城市社会智能化和信息化水平对耦合协调的贡献较大。其余指标不显著。

三、2015 年回归结果分析

从表 4 − 1 可知，2015 年各维度指标权重排名前两位的共计 8 个指标作为自变量，分别是万人高等学校在校生数（X_1）、人均公共图书馆藏书量（X_3）、第二产业增加值（X_{11}）、第三产业增加值（X_{12}）、万人互联网用户（X_{22}）、每万人拥有公共汽车（X_{23}）、人均水资源量（X_{31}）、人均农作物播种面积（X_{32}）。2015 年的耦合协调指数作为因变量 Y_3 建立回归模型，借助 EVIEWS 10.0，进行回归分析，结果如表 6 - 9 所示。

表 6 - 9　　　　　　　2015 年回归结果

自变量	系数	标准误	T 值	P 值
$\log X_1$	0.063451	0.033735	1.880840	0.1332
$\log X_3$	-0.098091	0.030882	-3.176275	0.0337
$\log X_{11}$	0.091304	0.162534	0.561755	0.6043
$\log X_{12}$	0.041181	0.154440	0.266647	0.8029
$\log X_{22}$	0.074729	0.083653	0.893321	0.4222
$\log X_{23}$	0.150442	0.043535	3.455681	0.0259
$\log X_{31}$	0.104273	0.027273	3.823337	0.0187
$\log X_{32}$	-0.010716	0.027856	-0.384677	0.7201
C	-1.701196	0.205612	-8.273798	0.0012
R^2	0.993459	被解释变量的样本均值		-0.505275
调整后的 R^2	0.980377	被解释变量样本标准误差		0.067915
回归残差的标准误差	0.009514	赤池信息准则		-6.266242
残差平方和	0.000362	施瓦茨信息准则		-5.875123
对数似然估计函数值	49.73057	汉南 - 奎因准则		-6.346634
F 统计量	75.94268	DW 检验		2.109023
F 统计量的 P 值	0.000422			

在 2015 年，$\log X_3$、$\log X_{23}$、$\log X_{31}$ 均通过 5% 的显著性检验，表明人均公共图书馆藏书量（X_3）、每万人拥有公共汽车（X_{23}）、人均水资源量（X_{31}）有利于绿色城镇化耦合协调发展。其中，人均公共图书馆藏书量指标（$\log X_3$）虽然通过 5% 显著性检验，但是系数为负值，表明目前江苏对于人口素质提升环境的公共设施还需要进一步改善。其中，每万人拥有公共汽车（$\log X_{23}$）的回归系数最大，对耦合协调的贡献最大。

四、2019 年回归结果分析

从表 4-1 可知，2019 年各维度指标权重排名前两位的共计 8 个指标作为自变量，分别是万人高等学校在校生数（X_1）、人口出生率（X_4）、第二产业增加值（X_{11}）、第三产业增加值（X_{12}）、每万人拥有公共汽车（X_{23}）、万人医生数（X_{25}）、万人拥有公共厕所（X_{30}）、人均农作物播种面积（X_{32}）。2019 年的耦合协调指数作为因变量 Y_4 建立回归模型，借助 EVIEWS 10.0，进行回归分析，结果如表 6-10 所示。

表 6-10　　　　　　　　2019 年回归结果

自变量	系数	标准误	T 值	P 值
$\log X_1$	0.118392	0.020918	5.659786	0.0048
$\log X_4$	-0.066112	0.042638	-1.550527	0.1960

自变量	系数	标准误	T 值	P 值
$\log X_{11}$	0.048199	0.133594	0.360784	0.7365
$\log X_{12}$	0.152185	0.134814	1.128856	0.3221
$\log X_{23}$	0.049666	0.060281	0.823906	0.4563
$\log X_{25}$	-0.245263	0.213650	-1.147963	0.3150
$\log X_{30}$	0.100991	0.026913	3.752564	0.0199
$\log X_{32}$	0.002226	0.033145	0.067170	0.9497
C	-1.133705	0.349901	-3.240073	0.0317
R^2	0.992260	被解释变量的样本均值		-0.521148
调整后的 R^2	0.976781	被解释变量样本标准误差		0.080184
回归残差的标准误差	0.012218	赤池信息准则		-5.765804
残差平方和	0.000597	施瓦茨信息准则		-5.374685
对数似然估计函数值	46.47773	汉南－奎因准则		-5.846196
F 统计量	64.10161	DW 检验		2.851546
F 统计量的 P 值	0.000590			

2019 年回归结果显示，$\log X_1$ 和 $\log X_{30}$ 分别通过 1% 和 5% 的显著性检验。2 个指标的回归系数均为正，表明万人高等学校在校生数（X_1）和万人拥有公共厕所（X_{30}）有利于绿色城镇化耦合协调发展，同时也说明在 2019 年江苏 13 市人口素质和社会公共服务设施水平较高。其余指标不显著，表明这些因素不是影响耦合协调的重要变量。

小　结

本章运用耦合协调模型、空间自相关和多变量回归模型等方法，对 2005～2019 年江苏 13 市绿色城镇化各维度协调性进行了定量分析。得出如下结论：

（1）各维度耦合度很高，均在 0.8 以上。除了南京在 2005 年和 2019 年处于濒临失调外，耦合协调度均处于失调阶段，其中，宿迁在 2005 年处于严重失调，其他年份城市主要有中度失调和轻度失调两种失调类型。

（2）对 2005～2019 年耦合协调指数全局空间自相关分析，表现出较强的空间集聚特征，而耦合协调度的 Moran's I 表现有下降的趋势，聚集特征有减弱趋势。局域自相关分析，形成高—高（H–H）类型区和低—低（L–L）类型区两种类型，其他类型区域没有形成。高—高（H–H）类型区即热点区域主要集中在常州、镇江、苏州、无锡，这些城市发展水平较高，耦合协调度相对较好；低—低（L–L）类型即冷点区域，主要集中在淮安、宿迁。表明江苏这些城市发展水平较低，绿色城镇化耦合协调度较弱。

（3）对 2005～2019 年影响江苏绿色城镇化耦合协调度的因素进行回归分析，发现：反映绿色人口的指标，即万人高等学校在校生数、人均公共图书馆藏书量；反映绿色社会的指标，即万人拥有公共厕所、万人互联网用户、万人拥有公共汽车；反映绿色经济的指标，即第三产业增加值、万人专利申请授权量；反映生态宜居的指标，即人均水资源量、人均绿地面积，以上这些指标是在不同发展阶段影响江苏绿色城镇化耦合协调发展的主要因素，均对绿色城镇化耦合协调度起到积极的促进作用。

第七章

江苏绿色城镇化与我国其他省份的比较分析

　　党的十八大提出建设生态文明，十八届五中全会提出了包括绿色发展在内的全新的五大发展理念。《国家新型城镇化规划（2014~2020）》中也明确提出要发展绿色城市。2015年3月发布的《中共中央国务院关于加快推进生态文明建设的意见》中首次明确提出要"大力推进绿色城镇化"，要求根据资源环境承载能力，构建科学合理的城镇化宏观布局。党的十九大提出推进绿色发展，坚持节约资源和保护环境的基本国策，像对待生命一样对待生态环境，形成绿色发展方式和生活方式，坚定走生产发展、生活富裕、生态良好的文明发展道路。2019年政府工作报告和中央七次会议上分别又提出大力推动绿色发展和坚持走生态优先绿色发展的新路子。随着一系列政策理念的提出，城镇化的绿色转型成为当前和今后社会经济发展中的重要主题。习近平总书记关于生态文明建设提出以"两山"理论引领中国绿色发展之路是一条有质量和效益的发展之路。

随着工业化，城镇化水平的不断提高，带动了经济社会的发展，也带来了城乡发展失衡、空间开发无序、土地利用粗放低效、生态环境恶化等问题①。一方面，我国成为世界第二大经济体，人民生活水平不断提高，环保意识和追求品质生活的意识提升，更加关注生态环境对人类的健康的影响；另一方面我国快速城镇化带来的许多问题，如城市过度蔓延、资源短缺、污染严重、环境恶化、城市病突出等，严重影响了可持续发展。未来中国打造经济的升级版，必须考虑的一个前置性条件，就是要使经济与社会发展呈现出绿色的气质，其中的一个重大战略部署就是绿色城镇化②。因此，城镇化面临转型升级，迫切需要把建设绿色城镇化提上日程。

发达国家早先经历过城镇化过程中出现的严重的社会和环境问题。20 世纪 80 年代开始重视生态环境，90 年代后，"绿色"理念逐渐渗透到绿色规划、绿色生产、绿色流通、绿色消费等多个领域（OECD，2013b；Qureshietal，

---

① 肖金成，王丽."一带一路"倡议下绿色城镇化研究［J］.环境保护，2017，45（6）：25－30.

② 罗勇.城镇化的绿色路径与生态指向［J］.辽宁大学学报（哲学社会科学版），2014，42（6）：84－89.

2013）。越来越多的国家和城市开始注重环保、绿色、低碳的城市发展。从早期霍华德的田园城市理论，到以芝加哥学派为代表的城市生态学，相关的研究从城市景观和生态等方面为绿色城镇化提供了一定程度的理论基础（OECD，2013b；Lawleretal.，2014；Turvey，2015）。2000年，美国学者蒂姆西·比特利在总结欧洲城市可持续发展的实践基础上提出"绿色城镇化"发展理念。2005年，联合国环境规划署与会代表共同签署的《绿色城市宣言》提出绿色城市不仅应注重自然保护生态平衡，而且应注重人类健康和文化发展。2006年，"第二届亚洲人居环境国际峰会"与会代表共同签署《绿色亚洲人居宣言》提出，绿色代表生命、健康和活力，代表节约资源、环境保护和可持续发展。21世纪初期，国际社会包括OECD、UNDP等国际组织相继提出绿色增长的观点（Herrmann，2014；Li and Lin，2015；Turvey，2015），希望在实现经济发展的同时，摆脱经济增长和环境恶化的耦合过程，保持能源和环境的可持续性，并同时关注社会公平，降低贫困，实现社会包容性发展（OECD，2013b）。绿色城镇化理念在我国是随着党的十八大召开和《国家新型城镇化规划（2014～2020年)》的发布，研究热度才开始提升（温鹏飞等，2016）。我国学者先后对绿色城镇化的内涵（魏后凯，2014；新型城镇化建设课题组，2014；罗勇，2014；温鹏飞，2016；肖金成等，2017；杨振山等，2018；张贡生，2018）、绿色城镇化战略框架（董战峰等，2014；张贡生，2018）及绿色城镇化的指标体系（宋慧琳等，2016；李为等，2016；杨振山，2018；肖金成，2017）、绿色城镇化空间分异（徐维祥，2016；邹荟霞，2018）、对策建议等层面展开研究（冯奎，2016；洪大用，2014；李佐军，2014；董泊，2014）。

总体而言，目前我国关于绿色城镇化的研究尚处于探索阶段，已有成果主要是对绿色城镇化的内涵及指标体系、战略框架模式、空间分异及对策建议等方面的研究，并在绿色城镇化有别于传统城镇化，以人为本以及人口、经济、社会、资源环境协调发展等方面达成共识。而定量研究尤其是考虑人口因素对我国绿色城镇化的影响及成因等方面的研究较少。

第一节　绿色城镇化内涵及指标体系构建

一、绿色城镇化内涵

基于国内外已有学者的研究，绿色城镇化是一种以提高生产生活质量为核心的内涵式发展进程[①]，有别于传统

[①]　罗勇. 城镇化的绿色路径与生态指向 [J]. 辽宁大学学报（哲学社会科学版），2014，42（6）：84-89.

城镇化的高污染、高排放和高消耗，而是低消耗、低排放、低污染的新型城镇化模式。从源头治理生态环境，通过信息化和高科技提高产业发展水平，提高资源利用效率，对环境的影响减少到最小，更加关注民生，推动绿色发展，促进人与自然和谐共生，绿色发展理念深入人心，经济高效、城市生态宜居，人与自然、环境、经济和社会协调发展的一种新型城镇化模式①。

二、绿色城镇化指标体系

绿色城镇化从绿色人口、绿色经济、绿色社会、生态宜居四方面建立指标体系。具体内容如下：

绿色人口：从人口素质、人口结构、人口增速、健康程度反映。城镇化如果不注重绿色方向，极易出现人口过快增长、人口结构不合理和人口素质下降等城市病，使城市发展偏离健康和谐的轨道。要有前瞻性地开展区域人口规划，突出绿色人口结构，提高人口素质以适应绿色城镇化的发展。随着城镇化的深入，人口规模结构对城市实现经济社会功能的影响越来越大。人口规模结构应当随着城市经济的绿色升级而主动做出调整，并与绿色城镇化发展

---

① 魏后凯. 新型城镇化建设要以提高质量为导向 [N]. 人民日报, 2019 - 04 - 19.

相适应（罗勇，2014），其中，人口素质从大学教育程度、人均教育支出、文盲率等方面衡量。人口结构各因素中，年龄和性别是最基本最核心最重要的因素，人口结构中影响最大的是年龄结构和性别结构，年龄结构由人口出生率来衡量，理想的年龄结构应符合"人口低增长和长寿命"两大特征，人口低增长是指年出生人口的低增长（人口出生率理想值在 14.0‰ ~ 16.0‰），年出生人口急速增长（人口出生率高于 16.0‰）和负增长（人口出生率低于 14.0‰）均会使人口结构恶化。理想的性别结构应用同龄的男女性别人数相等或相近来衡量。男女比例越接近 1 认为是理想的，大于 1 或小于 1 性别结构都失调。我国当前人口结构性矛盾：一是老龄化、未富先老，二是少子化严重。采用男女性别比减去 100 的绝对值来表示性别结构，越大表示比例失调越严重，所以为负向指标。65 岁以上人口数占比既可以表示老年人的寿命和健康程度，同时也可以说明地区老龄化程度。

绿色经济：主要表现为绿色产业，可分为以生态环保为特色的绿色农业、以绿色科技为导向的生态工业和以服务为导向的现代服务业。产业结构调整优化使落后产能、高污染企业退出，降低低效率企业市场占比，推动高转化率、低耗能企业的发展，有利于产业转型，调整绿色产业布局，促进产业绿色发展。依靠科技创新、增加产品附加值来发展经济且低污染、低耗能、低排放；产业尤其是工业会对生态环境造成的影响较大，这里主要考虑工业污染。

绿色社会：表现为城市集聚集约。生产和生活领域的绿色消费，绿色通行，绿色环保产品的购买、废旧资源的回收利用、节约并高效使用能源、保护环境和多样化物种；另外民生改善，人民幸福是绿色社会的体现，要多层次地满足人们日益增长的需求，尤其是要大力推进基本公共服务的均等化（公交车数量、医疗教育均等程度、惠民政策、废弃物回收利用率）人民获得感增强。

生态宜居：既要绿水青山又要金山银山，做好城市规划，创造宜居生态环境。生产空间集约高效、生活空间宜居适度、生态空间山清水秀。

三、绿色城镇化测度指标体系的构建

本书根据构建测度指标体系的指导思想，以及系统性、学科性、层次性、可行性、导向性原则，基于绿色城镇化的内涵，借鉴已有的研究成果，选取绿色人口、绿色经济、绿色社会、生态宜居四个方面为一级指标，二级指标 13 个，三级指标 25 个，具体指标 34 个，构建绿色城镇化评价指标体系，如表 7 - 1 所示。

表 7－1 **我国绿色城镇化评价指标体系**

一级指标	二级指标	三级指标	具体指标	指标性质	权重
绿色人口 (0.1242)	人口素质	大学教育程度	每十万人口高等教育在校生数（人）	正	0.017
		教育投资	人均教育支出（元/人）	正	0.0353
		文盲率	文盲人口占 15 岁及以上人口比重（%）	负	0.0039
	人口结构	年龄结构	人口出生率（‰）	（14‰～16‰）为正	0.0143
		老龄化程度	65 岁以上人口数占比（%）	负	0.0101
			14 以下人口占比（%）	正	0.0351
		性别结构	男女人口比例（女性＝100）	>1 或，<1 为负向	0.0085
绿色经济 (0.2799)	经济效率	经济高效	人均 GDP（元）	正	0.0324
			第二产业增加值（亿元）	正	0.0398
			第三产业增加值（亿元）	正	0.0357
	产业结构	产业结构合理	第二、第三产业增加值占 GDP 比重（%）	正	0.0102
	科技创新	科技含量	科学技术支出占 GDP 比重（%）	正	0.04
		创新能力	规模以上工业企业新产品开发项目数（项）	正	0.0846
	资源节约污染减排	资源消耗	单位 GDP 电耗（千瓦时/万元）	负	0.008
		环境污染	单位 GDP 废水排放量（吨/万元）	负	0.019
		循环利用	一般工业固体废物综合利用率（%）	正	0.0102

续表

一级 指标	二级 指标	三级 指标	具体 指标	指标 性质	权重
绿色社会 （0.1648）	城乡 协调	收入角度	城乡居民人均可支配收入比	负	0.0114
	集聚 集约	空间集聚	人口密度（人/平方千米）	正	0.0223
	绿色 生活	绿色出行	每万人拥有公交车量（标台）	正	0.0136
		消费排放	人均废水排放量（吨/人）	负	0.0111
	民生 改善	医疗水平	每千人执业（助理）医生数 （人）	正	0.0202
		社会保障	社会保障和就业支出比重 （%）	正	0.0113
			城乡居民基本养老保险参保 人员比重（%）	正	0.0201
		就业程度	城镇登记失业率（%）	负	0.0251
		教育均等	普通小学生师比	负	0.0297
生态宜居 （0.4313）	人居 环境	居住环境	人均公园绿地面积（平方米/ 人）	正	0.0186
			地均二氧化硫排放量（吨/ 平方千米）	负	0.0165
			万人拥有公共厕所（座）	正	0.0223
	生态 环境	资源丰度	人均水资源（立方米/人）	正	0.2109
			森林覆盖率（%）	正	0.0245
			人均耕地面积（公顷①/人）	正	0.0358

续表

一级指标	二级指标	三级指标	具体指标	指标性质	权重
生态宜居（0.4313）	环境治理	绿色投资	工业污染治理完成投资（万元）	正	0.046
		环保	人均造林面积（平方米/人）	正	0.0481
			城市生活垃圾无害化处理率（%）	正	0.0086

注：①实际数据按 1 亩 = 0.667 公顷换算。

第二节 数据来源及研究方法

数据来源于 2019 年《中国统计年鉴》和我国 31 个省区市（不含港澳台地区）统计年鉴。采用熵值法赋权，运用综合指数法测度、空间自相关分析法和回归分析等方法。空间自相关的空间权重矩阵采取基于距离关系的距离带，当区域 i 和 j 的距离小于 d 时，$w_{ij} = 1$；当区域 i 和 j 的距离为其他时，$w_{ij} = 0$。Moran 指数 I 的取值一般在 $[-1, 1]$ 之间，大于 0 表示正相关，即属性值越大（较小）的区域在空间上显著集聚，值越趋近于 1，总体空间差异越小；当小于 0 表示负相关，即区域与其周边地区具有显著的空间差异，有分散分布趋势，值越趋近于 -1，总体空间差异越大；等于 0 表示不相关，且随机分布。

第三节　我国各省份绿色城镇化水平的比较分析

一、各地区绿色城镇化水平综合比较

如表 7 - 2 和图 7 - 1 所示，我国绿色城镇化整体水平不高，平均值为 0.2604，高于均值的只有 10 个省份，占比 32.25%。绿色城镇化水平排名前三的地区是西藏（0.4349）、广东（0.4012）和北京（0.3834）。广东和北京市是我国经济发达省市，经济发展水平较高。西藏虽然经济不发达，但是生态环境较好，环境污染少，拉高了绿色城镇化水平。绿色城镇化地区之间差距较大，绿色城镇化水平最高的西藏（0.4349）是贵州的（0.1862）约 2.34 倍。

表 7 - 2　　我国绿色城镇化综合指数与分维指数及排名

省区市	绿色人口	排名	绿色经济	排名	绿色社会	排名	生态宜居	排名	绿色城镇化	排名
北京	0.0675	1	0.1404	5	0.1129	1	0.0626	27	0.3834	3
天津	0.0395	4	0.1138	7	0.0739	6	0.0147	31	0.2418	16
河北	0.0247	19	0.0707	14	0.0968	2	0.0773	13	0.2694	9
山西	0.0245	20	0.0494	21	0.0641	14	0.0667	25	0.2046	26

续表

省区市	绿色人口	排名	绿色经济	排名	绿色社会	排名	生态宜居	排名	绿色城镇化	排名
内蒙古	0.0287	15	0.0503	19	0.0597	20	0.1523	2	0.291	8
辽宁	0.0328	11	0.0589	18	0.0664	12	0.0582	29	0.2162	23
吉林	0.0353	6	0.0498	20	0.0728	8	0.0766	14	0.2345	17
黑龙江	0.0383	5	0.0412	23	0.0903	3	0.0922	5	0.2621	10
上海	0.0464	3	0.138	6	0.067	11	0.0411	30	0.2924	7
江苏	0.0344	8	0.2166	2	0.0605	19	0.0586	28	0.3702	4
浙江	0.0275	16	0.1819	3	0.0716	9	0.0761	15	0.357	5
安徽	0.019	31	0.1015	9	0.0607	18	0.065	26	0.2462	15
福建	0.021	28	0.1044	8	0.0493	28	0.0815	9	0.2562	13
江西	0.0236	24	0.068	15	0.0565	24	0.0782	12	0.2263	21
山东	0.0234	25	0.1458	4	0.0617	17	0.0851	6	0.316	6
河南	0.0237	23	0.0868	11	0.0744	5	0.0721	18	0.257	11
湖北	0.0245	21	0.1013	10	0.0626	16	0.0677	24	0.2561	14
湖南	0.0234	26	0.0819	12	0.057	22	0.0705	21	0.2328	18
广东	0.0193	30	0.2441	1	0.0568	23	0.0811	10	0.4012	2
广西	0.0289	14	0.041	24	0.0479	29	0.0752	17	0.1929	29
海南	0.0351	7	0.0268	30	0.0644	13	0.0678	23	0.1941	28
重庆	0.0309	13	0.0639	17	0.0558	25	0.0721	19	0.2227	22
四川	0.0241	22	0.0712	13	0.0633	15	0.0701	22	0.2286	20
贵州	0.0212	27	0.0472	22	0.0466	30	0.0711	20	0.1862	31
云南	0.0196	29	0.0328	28	0.052	27	0.093	4	0.1974	27
西藏	0.0586	2	0.0348	26	0.0548	26	0.2868	1	0.4349	1

续表

省区市	绿色人口	排名	绿色经济	排名	绿色社会	排名	生态宜居	排名	绿色城镇化	排名
陕西	0.0338	9	0.0671	16	0.0733	7	0.0823	8	0.2565	12
甘肃	0.0271	17	0.029	29	0.075	4	0.0825	7	0.2137	24
青海	0.0326	12	0.0234	31	0.0586	21	0.1163	3	0.231	19
宁夏	0.0248	18	0.0393	25	0.0425	31	0.0806	11	0.1873	30
新疆	0.0337	10	0.0345	27	0.0682	10	0.0758	16	0.2123	25
均值	0.0306	—	0.0824	—	0.0651	—	0.0823	—	0.2604	—

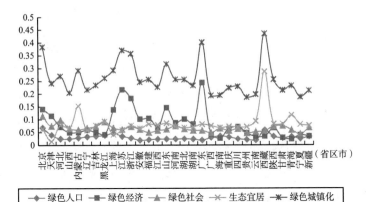

图 7-1　我国 31 个省区市绿色城镇化分维及整体指数分布

绿色人口高于均值的有 13 个省份，占比 41.9%。最高绿色人口水平的北京（0.0675）是最低水平安徽（0.019）的 3.55 倍。排名前三的是：北京、上海和西藏，究其原因，各有优势，西藏得益于较高的人口出生率和国家给予的教育支持。而北京和上海高校科研院所较多，教育资源丰富。绿色经济与绿色城镇化的差距呈现一致方向，绿色经济指数最高的广东（0.2441）是最低的青海（0.0234）的 10.43 倍。绿色经济高于均值的省份有 11 个，占比 35.48%，排名前三的是广东、江苏和浙江，三个省份都是对外开放型地区，经济发展水平较高。绿色社会高于均值的有 12 个省份，占比 38.71%，绿色社会指数最高的北京（0.1129）是最低的宁夏（0.0425）的 2.66 倍。排名前三的是：北京、河北和黑龙江。生态宜居高于均值地区最少，只有 10 个地区，占比 32.25%。生态宜居水平指数最高的西藏（0.2868）是最低的天津（0.0147）的 19.51 倍。排名前三的地区是：西藏、内蒙古和青海，这三个地区都是经济发展相对落后的地区，由于第二、第三产业不发达，环境污染小，生态环境较好，生态宜居水平较高。我国绿色城镇化整体及分维水平均高于均值的地区还只是少部分省份，占比都小于 50%。尤其是生态宜居和绿色经济维度地区之间差距最大。

从一级指标权重来看，生态宜居（0.4313）＞绿色经济（0.2799）＞绿色社会＞（0.1648）绿色人口（0.1242）。表明我国发展现阶段，随着人们生活水平的提高，更加注重生活生态环境宜居度，同时也说明生态宜居水平对一个地方发展的重要性，绿色人口各指标贡献度较小，需要提高人口素质和调整人口结构与绿色城镇化发展水平相适应。从 34 个指标的权重来看，大于均值（0.0294）的 12 个指标从大到小依次排序为：人均水资源量（立方米/人）、规模以上工业企业新产品开发项目数（项）、人均造林面积（平方米/人）、工业污染治理完成投资（万元）、科学技术支出占财政支出比重（%）、第二产业增加值（亿元）、人均耕地面积（公顷/人）、第三产业增加值（亿元）、人均教育支出（元/人）、14 岁以下人口占比、人均地区生产总值（元）、普通小学师生比。而分地区城市生活垃圾无害化处理率（%）、男女性别比（女性=100）的绝对值、单位 GDP 电耗（千瓦时/万元）、文盲人口占 15 岁及以上人口比值权重均低于 0.01。人口结构和人口素质的指标权重较低，需要提高我国绿色人口水平。我国处于经济转型时期，科技、经济效益和生态环境指标对绿色城镇化的影响较大，是我国多年来号召发展科技强国和环境规制的结果，另一方面表明城镇化还是依靠经济拉动的粗放型的发展方式。

二、绿色城镇化水平空间层级比较

利用 Geoda 软件的自然断裂法，将我国 31 个省区市（港澳台地区除外）的绿色城镇化分为 3 个层级：浅绿地区、中绿地区和深绿地区。层级特征明显，如表 7 - 3 所示。位于第一层级的深绿地区包括北京、山东、江苏、浙江、广东和西藏自治区 6 个省份；第二层级的中绿地区包括上海、黑龙江、内蒙古、河北、陕西、河南、安徽、湖北、湖南、福建 10 个省份，主要分布在我国北部、中部及东北 1 个省份；第三层级的浅绿地区包括新疆、甘肃、宁夏、青海、云南、贵州、海南、四川、重庆、广西、江西、辽宁、吉林、天津 15 个省份，主要分布在我国西北、西南地区及东北 2 个省份。深绿以上等级的 6 个地区占比 19.35%，除西藏外，均分布在我国东部沿海经济发达区域。中绿占比 32.25%，浅绿占比 48.40%，几乎占据我国 31 个省区市的一半以上。表明我国绿色城镇化水平还很低，且整体呈现由沿海到内陆逐渐递减的趋势。

表 7 - 3   我国绿色城镇化指数的空间分布

层级类型	深绿地区	中绿地区	浅绿地区
得分范围	>0.347	0.260 ~ 0.347	<0.260
地区	北京、山东、江苏、浙江、广东和西藏	上海、黑龙江、内蒙古、河北、陕西、河南、安徽、湖北、湖南、福建	新疆、甘肃、宁夏、青海、云南、贵州、海南、四川、重庆、广西、江西、辽宁、吉林、天津

三、绿色城镇化水平的空间关联效应

（一）绿色城镇化指数的空间自相关

基于空间距离权重的距离带方法，利用 Geoda 软件对我国的绿色城镇化水平进行空间关联性分析。

1. 全局自相关

如图 7 - 2 所示，绿色城镇化指数的 Moran's I = -0.051 小于 0 表示绿色城镇化水平呈负相关性，即区域与其周边地区具有显著的空间差异，有分散分布趋势，但总体空间差异不大，表明整体水平不高。Moran's I 指数较小，说明相邻地区的绿色城镇化水平的自相关程度较弱，集聚程度较低。

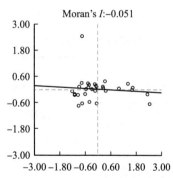

图 7 - 2　绿色城镇化水平的全局空间自相关

2. 局域自相关

如表 7-4 所示，我国绿色城镇化水平形成了高—高（H-H）、低—低（L-L）和低—高（L-H）三种空间集聚类型，高—低（H-L）集聚类型尚未形成。其中，高—高（H-H）集聚类型即热点区域在上海，上海绿色城镇化水平高于周围地区。低—低（L-L）集聚类型也即冷点区域分布在我国的西北和西南的甘肃、四川和云南，形成我国绿色城镇化的低洼区，绿色城镇化水平低于周边地区。低—高（L-H）区域分布在新疆，表明新疆的绿色城镇化水平低于周边地区。其中，宁夏和上海通过5%显著水平，贵州云南通过1%显著水平，新疆是0.1%的显著水平，其他地区不显著。

表 7-4　　　我国 31 个省区市绿色城镇化指数
局域自相关聚类分类

集聚类型	高—高 （H-H）类型	高—低 （H-L）类型	低—高 （L-H）类型	低—低 （L-L）类型
地区	上海	无	新疆	甘肃、四川和云南

（二）分维度空间自相关

1. 分维度的空间全局自相关分析

如图 7-3 所示，绿色人口指数的 Moran' I = -0.003

小于 0 表示绿色人口水平呈负相关，即区域与其周边地区
具有显著的空间差异，有分散分布趋势。但由于 - 0.003
接近 0，空间差异较小；绿色经济指数的 Moran' I = 0.232
大于 0 表示绿色经济水平呈正相关，即属性值越大（较
小）的区域在空间上显著集聚；绿色社会指数的 Moran' I =
0.139 大于 0 表示绿色社会水平呈正相关，即属性值越大
（较小）的区域在空间上显著集聚；生态宜居指数的
Moran' I = 0.088 大于 0 表示生态环境水平呈正相关，即属
性值越大（较小）的区域在空间上显著集聚，值越趋近于
1，总体空间差异越小。整体上看，四个维度集聚程度排
序为：绿色经济 > 绿色社会 > 生态宜居 > 绿色人口。绿色
城镇化的 4 个维度中绿色人口的集聚水平最低，表明我国
绿色人口总体处于较低水平。

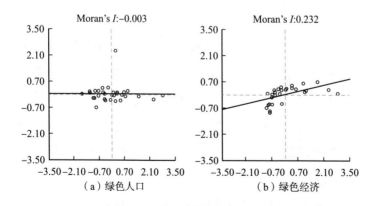

（a）绿色人口　　　　（b）绿色经济

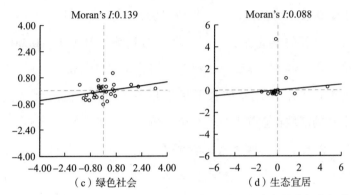

图7-3　绿色人口、经济、社会和生态宜居四维度全局空间自相关

2. 分维度的局域自相关分析

如表7-5所示，我国绿色人口水平只形成了低—低（L-L）一种空间集聚类型，也即冷点区域，其他三种集聚类型尚未形成。且低—低（L-L）集聚类型也即冷点区域分布在我国西北的甘肃，形成我国绿色人口的低洼区，且通过5%显著水平。

我国绿色经济水平形成了高—高（H-H），低—低（L-L）和低—高（L-H）三种空间集聚类型，高—低集聚类型尚未形成。不显著区域为16个省份。其中，高—高（H-H）集聚类型即热点区域分布在上海、江苏、浙江、安徽、天津、山东、河南、湖北、福建；低—低（L-L）集聚类型也即冷点区域分布在我国的西北和西南的西藏、青海和四川，形成我国绿色城镇化的低洼区。低—高

（L-H）类型区域分布在山西、江西和湖南，表明三个省份的绿色经济水平低于周边地区。且均通过5%的显著水平。整体上看，我国绿色经济集中分布在我国中东部地区的长三角城市群，中原城市群、山东半岛城市群。

绿色社会维度形成了高—高（H-H），低—低（L-L）和低—高（L-H）三种空间集聚类型，低—高（L-H）区域集中在内蒙古，高—高（H-H）即热点区域集中在天津、辽宁和吉林，低—低（L-L）区域集中在我国南部沿海及内陆省份，包括四川、云南、重庆、福建、广东、广西、贵州、海南、湖南、江西10个省份。

生态宜居维度也形成了高—高（H-H），低—低（L-L）和低—高（L-H）三种空间集聚类型，低—高（L-H）区域集中在新疆地区，高—高（H-H）即热点区域集中在青海地区，低—低（L-L）区域集中在我国东部沿海及内陆省份，包括江苏、安徽、上海、浙江、山西、河南、湖北、江西8个省份。且均通过5%的显著水平。新疆生态环境脆弱，城镇化的发展取决于生态环境保护程度。青海地广人稀，大部分还处于未开发区域，生态环境相对较好。我国东部沿海及中部省份人口密度较大，工业发达，环境污染较为严重。

总体上看，除了绿色人口维度只形成低—低（L-L）类型外，其他三个维度均形成了高—高（H-H），低—低

（L–L）和低—高（L–H）三种类型的空间集聚类型，高—低（H–L）类型四个维度都没有形成。绿色经济热点区域分布在山东半岛、中原城市群和长三角城市群。生态宜居冷点区域集中分布在中原城市群和长三角城市群，青海地区处于经济的冷点区域，而其生态宜居水平处于热点区域。珠江三角洲和云贵川地区处于绿色社会的冷点区域。

表 7–5　　我国 31 个省区市绿色城镇化分维度
局域自相关聚类分类

维度	高—高 （H–H）类型	高—低 （H–L）类型	低—高 （L–H）类型	低—低 （L–L）类型
绿色人口	无	无	无	甘肃
绿色经济	上海、江苏、浙江、安徽、天津、山东、河南、湖北、福建	无	山西、江西、湖南	西藏、青海、四川
绿色社会	天津、辽宁和吉林	无	内蒙古	四川、云南、重庆、福建、广东、广西、贵州、海南、湖南、江西
生态宜居	青海	无	新疆	江苏、安徽、上海、浙江、山西、河南、湖北、江西

四、江苏绿色城镇化与我国其他省区市的比较

由表 7 - 2 可知，江苏绿色城镇化总体水平在我国 31 个省区市中排名第 4，经济发展水平较高，排名第 2，绿色人口发展水平排名第 8，均高于我国的平均水平。但是江苏的绿色社会和生态宜居水平却低于我国平均水平，分别排名第 19 和第 28。在经济发展指标中，江苏的第二产业增加值位居 31 个省区市之首，第三产业增加值低于第二产业，仅次于广东位居第 2，表明江苏的绿色城镇化发展还是依靠粗放的经济模式拉动。在污染物排放方面，地均二氧化硫排放量较高，仅次于天津，人均废水排放量位居第 4。

江苏绿色城镇化水平指数（0.3702），与位居第 1 的西藏（0.4349）相差 0.0647，绿色人口水平指数（0.0344）与位居第 1 的北京（0.0675）相差近 1 倍，绿色经济（0.2166）与位居第 1 的广东（0.2441）相差较小，绿色社会（0.0605）与位居第 1 的北京（0.1129）相差近 1 倍，生态宜居水平（0.0586）与位居第 1 的西藏（0.2868）相差较大，接近 5 倍。除了绿色经济以外，江苏与其他省份都有较大的差距，尤其是生态宜居水平是发展中的短板。表明江苏城镇化的快速发展带来的人口与社会、生态环境的矛盾还没有得到有效缓解。

第四节　绿色城镇化空间差异的影响因素分析

绿色城镇化是有人口因素、经济因素、社会因素和生态环境因素等多种因素相互作用、相互影响制约形成的一个复合系统，目标是各系统的有机统一。以绿色城镇化为被解释变量 $\ln Y$，在四个维度中分别筛选出权重排名前三的指标作为解释变量建立回归模型。12 个指标分别是每 10 万人口高等教育在校生数（$\ln X_1$）、人均教育支出（$\ln X_2$）、14 岁以下人口数占比（$\ln X_3$）、第二产业增加值（$\ln X_4$）、科学技术支出占财政支出比重（$\ln X_5$）、规模以上工业其余新产品开发项目数（$\ln X_6$）、各地区城市人口密度（$\ln X_7$）、城镇登记失业率（$\ln X_8$）、普通小学师生比（$\ln X_9$）、人均水资源量（$\ln X_{10}$）、工业污染治理完成投资（$\ln X_{11}$）、人均造林面积（$\ln X_{12}$），利用 Eviews 10.0 软件进行回归分析，为避免变量之间的多重共线性，对 12 个自变量进行相关性检验，剔除相关性较高的变量，结果如表 7-6 所示。

剔除相关性较高的变量后，绿色人口 3 个指标均保留，表明教育的投入和较高的人口素质对绿色城镇化水平的积极促进作用。绿色经济保留了第二产业增加值和科学技术支出占财政支出比重，表明第二产业尤其是工业的科技创新能力对绿色城镇化水平的显著促进作用，应大力推

表 7 - 6 自变量之间的相关性系数

变量	$\ln X_1$	$\ln X_2$	$\ln X_3$	$\ln X_4$	$\ln X_5$	$\ln X_7$	$\ln X_8$	$\ln X_9$	$\ln X_{12}$
$\ln X_1$	1.0000								
$\ln X_2$	-0.0405	1.0000							
$\ln X_3$	-0.6291***	0.0651	1.0000						
$\ln X_4$	0.4077**	-0.4680***	-0.2085	1.0000					
$\ln X_5$	0.6176***	0.0217	-0.3293*	0.6183***	1.0000				
$\ln X_7$	0.0160	-0.3136*	-0.0458	0.2066	0.0210	1.0000			
$\ln X_8$	-0.2229	-0.4625***	-0.1091	0.0777	-0.2386	0.3500*	1.0000		
$\ln X_9$	-0.1570	-0.0985	0.5820***	0.3837**	0.3636**	0.1033	-0.0950	1.0000	
$\ln X_{12}$	-0.6026***	-0.0496	0.5369***	-0.4346***	-0.6628***	-0.1477	0.1447	0.0121	1.0000

注：*、**、*** 分别表示在 10%、5% 和 1% 的水平下显著。

进科技创新，发展绿色经济，提高经济高质量发展。绿色
社会中3个指标均保留，表明基础教育、就业等民生领
域，城市的集聚集约对绿色城镇化水平的作用。生态宜居
水平只保留了人均造林面积（$\ln X_{12}$），表明当下环境保护
是提高绿色城镇化水平的主要任务。

将剔除后剩余的9个自变量与绿色城镇化指数进行回
归分析，结果如表7-7所示。

表7-7　　　　　　　　　回归分析

自变量	系数	标准误	T 值	P 值
C	-2.5854	2.5296	-1.0220	0.3184
$\ln X_1$	-0.3451	0.1922	-1.7946	0.0871
$\ln X_2$	0.5288	0.1250	4.2296	0.0004
$\ln X_3$	-0.3106	0.2376	-1.3072	0.2052
$\ln X_4$	0.1921	0.0487	3.9413	0.0007
$\ln X_5$	-0.0207	0.0835	-0.2489	0.8058
$\ln X_7$	-0.0194	0.0849	-0.2287	0.8213
$\ln X_8$	-0.1905	0.1810	-1.0526	0.3045
$\ln X_9$	-0.2436	0.4150	-0.5871	0.5633
$\ln X_{12}$	0.0021	0.0373	0.0569	0.9551
R^2	0.6609	被解释变量的样本均值		-1.3732
调整后的 R^2	0.5155	被解释变量样本标准误差		0.2323
回归残差的标准误差	0.1617	赤池信息准则		-0.5501
残差平方和	0.5492	施瓦茨信息准则		-0.0875
对数似然估计函数值	18.5275	汉南-奎因准则		-0.3993
F 统计量	4.54766	DW 检验		2.0658
F 统计量的 P 值	0.0020			

由表 7 - 7 回归结果可知，$R^2 = 0.6609$，表明自变量对绿色城镇化指数具有较好解释意义。Prob（F - statistic）= 0.0020，方程整体显著。然而，9 个指标中只有每 10 万人口高等教育在校生数（$\ln X_1$）、人均教育支出（$\ln X_2$）、第二产业增加值（$\ln X_4$）3 个指标通过显著性检验。其他指标不显著。其中，每 10 万人口高等教育在校生数（$\ln X_1$）指标的系数为负值，且通过 10% 的显著性检验，表明整体人口素质水平需要进一步提高。其他两个指标的系数为正值，且人均教育支出（$\ln X_2$）的系数大于第二产业增加值（$\ln X_4$）的，均通过 1% 的显著性检验，表明对教育的投入对绿色城镇化的发展有较强的促进作用。第二产业增加值对绿色城镇化有正向的促进作用，但是由于第二产业科技含量不高、附加值低，对绿色城镇化的促进作用有待提高。

产业经济效率不高、科技创新能力不足、人口受教育程度低、资源消耗较大、循环利用低，产业结构还不够合理，城市集聚集约程度低、城乡差距、人口受教育程度低、就业等问题还依然存在。社会发展使得人们的消费意识和观念有所转变，社会保障能力提高，但经济的发展还是依赖资源的投入，还处于先污染后治理的阶段。未来绿色城镇化的发展更加重视高素质的人力资源和高精尖产业的科技创新。

小　结

　　本章基于绿色城镇化内涵，建立包括绿色人口、绿色经济、绿色社会和生态宜居 4 个维度的评价指标体系。采用综合指数法、探索性空间数据分析及回归分析等方法对我国 31 个省区市绿色城镇化空间分异特征及影响因素进行了综合和比较分析。得出如下结论：我国绿色城镇化整体水平较低，深绿地区只占 19.35%，浅绿地区占比约 50%，呈现从我国东部沿海地区向西部地区逐渐递减的趋势，且局部自相关呈较弱的集聚特征，形成了高—高（H-H）、低—低（L-L）和低—高（L-H）三种空间集聚类型；绿色人口水平 > 绿色经济水平 > 绿色社会水平 > 生态宜居水平。除了绿色人口呈现负相关，且只有低—低（L-L）一种集聚类型外，其余维度均呈正的空间自相关，集聚特征明显，且形成了高—高（H-H）、低—低（L-L）和低—高（L-H）三种空间集聚类型，空间集聚程度依次排序：绿色经济 > 绿色社会 > 生态宜居 > 绿色人口。绿色人口没有形成热点区域，绿色经济热点区域集中在长三角、中原城市群和山东半岛城市群，绿色社会热点区域集中在天津、辽宁和吉林，生态宜居热点区域集中在青海地区。通过比较分析可知，江苏绿色社会和生态宜居水平较低，今后江苏绿色城镇化的发展应该注重提升经济质量和效益，优化产业结构、依靠科技创新提高资源利用效率，发展绿色、低碳、循环经济，进一步提升人口素质，关注老龄化问题，城乡差距，就业及教育等民生问题。

第八章

提升江苏绿色城镇化水平的
路径及对策建议

第一节 从绿色城镇化内涵上提升
绿色城镇化的对策

一、注重城市"质的提升"

城市化发展不仅是"量的增长",更重要的是"质的提升"。在绿色城镇化内涵发展上,应通过加大城市基础设施建设,完善城市功能,改善投资环境,提高城市运作效能,提高城市人居环境的质量,积极推进先进生产要素和服务业向城市集聚;在城市化的外延发展上,应更多地通过城市现代化进程,扩大城市市场、产业、文化等要素向周边地区和广大农村扩散、辐射的范围,从而使各类城市都得到合理、持续和健康发展。

二、缩小城市化区域差异，提高社会发展的和谐度

苏南地区城市化水平超过 70% 达到 77.6%，已进入内涵为主的发展阶段。应着力实现城乡一体化和共同一体化。苏南应加快区域城镇体系规划与建设，注意区域内城镇的分工与协作，区域规划应以系统论、整体规划论为指导思想，加强地区性基础设施建设的规划与协调，加强各类规划之间的协调。缩小城市化区域差异，提高全省城市化的综合水平，关键在于加快苏中、苏北地区的城市化进程。应以向心集中为主，从培育区域中心城市入手，要全面提高其经济功能促进经济新增长点的发展。针对江苏省南北差异较大的现实，制定区域城市化发展的分类指导政策。

三、推动户籍管理制度及其配套制度改革

要突破现行管理体制的束缚，加快体制改革和机制创新，在户籍制度、就业制度、城乡土地使用制度、社会保障制度、教育管理体制、投融资体制、市政公用事业等方面深化改革，促进农村劳动力和人口向城市合理有序地迁移，赋予农民自由迁居、自主择业的权利，加速排除政策

和体制上的障碍，逐步建立起江苏省统一的户籍制度、统一的劳动力市场、城乡一体的社会保障制度。小城镇建设应结合乡镇企业的适当集中和自然村的撤并，允许在小城镇有固定住所、稳定职业或生活来源的农村人口申办小城镇户口，提高小城镇的集聚功能。

四、建设生态城市，解决环境问题

生态城市建设是人类文明进步的标志，是城市发展的必然方向，它不仅涉及城市物质环境的生态建设、生态恢复，还涉及价值观念、生活方式、政策法规等方面。江苏城市的发展是以高能耗、高污染等为代价的，其发展中产生的环境问题，与长期以来人们所使用的粗放的生产方式有关。因此，实现城市生态环境的良性循环，建设生态城市是江苏城市发展的必然趋势，也是解决城市生态环境问题的基本途径。建设生态城市，实现城市生态良性循环的主要目标及途径：一是确立城市生态经济优先的观念；二是转变经济增长方式，走低能耗高效率的资源节约型发展之路；三是大力发展绿色产业，实现市场经济与城市生态经济的协调发展；四是强化城市政府对城市生态环境保护与建设的管理力度。

第二节　从绿色城镇化外延上提升绿色城镇化的对策

一、推进区域内和区域间的协调发展

江苏区域发展不均衡，苏南和苏北差距较为明显。江苏城市之间和区域之间不仅在经济上，还是在社会发展水平都存在苏北与苏南、苏中之间较大的差距。苏北绿色城镇化整体及分维都处于发展的低洼区域。局域的不均衡发展对江苏更好地参与"一带一路"建设以及江苏整体的发展形成了制约。因此，第一，应加大对苏中、苏北地区的政策支持，推动和引导苏南的人力、财力、物力、技术向苏中苏北转移，拓展江苏经济发展的新空间，在苏北和苏中地区城市的生态承载力范围内引进资金和项目。不能靠单向输血援建，而是整合资源协同发展，探索出区域协同发展的"江苏经验"。应该重点培育苏北的中心城市，强起来，富起来，从而带动苏北地区发展，缩小南北区域之间的经济发展差距，推进区域城市协调发展。第二，要推动苏南区域内相比南京和苏州发展较落后的，如常州、镇江等地的经济建设，促进苏南、苏北和苏中三大区域之间及各区域内部之间城市发展的协调性，以便更好地为"一带一路"建设服务。第三，继续推动江苏"南北挂钩"合

作共建工业园区，把苏南园区建设的先进理念、产业基础、人才团队与苏北丰富的资源、低成本劳动力和优惠政策对接互补。第四，发挥高铁经济的同城化效应，助力苏南苏北区域经济深度合作，推动区域经济一体化新发展，让经济洼地变成新增长极。

二、加强中心城市的辐射带动作用，协调各个城市之间的分工协作、功能定位，实现经济、社会、生态等的联动发展，合力提升整体发展水平

提升南京和苏州中心城市的辐射带动作用。努力提高南京的国际化程度，与上海携手以国际城市的姿态参与国际经济体系。注重发挥其在中心城市和都市圈（带）在江苏区域城市化协调发展和可持续发展中的作用。加快基础设施建设，促进城市之间及内部的互联互通，增强中心城市综合服务功能，生产要素的集聚能力，对区域经济的辐射带动能力，通过"极化"作用促进和带动大中小城市和小城镇协调发展，提高城市的要素集聚能力和综合竞争力，从而实现共同发展。

三、改善和完善城市体系空间结构、优化空间管理格局

通过节点城市、城市带（或群、圈、组团）以及全球

城市区域等多种空间组织形式，优化江苏的城镇空间布局。构建江苏沿江地区的高度一体化，以"一带一路"为契机，优化提升连云港和盐城港口城市功能，发挥好对外贸易通道作用。苏北地区通过高铁等基础设施建设及转移引进产业支撑，以徐州和淮安为中心，组团发展徐淮盐连宿城市群，形成点轴式、城乡空间分明为特征的城乡空间布局体系。苏南苏中依托现有基础设施，打破行政区划限制，以城市功能地域为对象进行城市化空间的引导，通过功能整合为城市化提供新的发展空间，从大城市优先的空间战略转向构建合理的城市体系，组团发展宁镇扬泰城市群、苏锡常城市群，构建宁镇扬都市圈等，多种空间模式叠加，真正解决城市间协调发展问题，形成高效、会理、有序的城市体系空间结构。

参 考 文 献

[1] 埃比尼泽·霍华德. 明日的田园城市 [M]. 金经元, 译. 北京: 商务印书馆, 2000.

[2] 白光润. 应用区位论 [M]. 北京: 科学出版社, 2009: 200.

[3] 毕秀晶. 长三角城市群空间演化研究 [J]. 上海: 华东师范大学, 2013.

[4] 陈婉. 绿色城镇化是绿色发展的主战场 [J]. 环境经济, 2020 (19): 48 – 51.

[5] 单卓然, 黄亚平. "新型城镇化" 概念内涵、目标内容、规划策略及认知误区解析 [J]. 城市规划学刊, 2013 (2): 34 – 35.

[6] 邓宗兵, 宗树伟, 苏聪文, 陈钲. 长江经济带生态文明建设与新型城镇化耦合协调发展及动力因素研究 [J]. 经济地理, 2019, 39 (10): 78 – 86.

[7] 蒂莫西·比特利. 绿色城市主义——欧洲城市的经验 [M]. 邹越, 李吉涛, 译. 北京: 中国建筑工业出版

社，2011.

[8] 董泊．关于实施绿色城镇化的探讨——以天津市汉沽区大田镇为例 [J]．天津城建大学学报，2014（2）：111 – 113.

[9] 董战峰，杨春玉，吴琼，高玲，葛察忠．中国新型绿色城镇化战略框架研究 [J]．生态经济，2014，30（2）：79 – 81，92.

[10] 杜海龙．李迅．李冰．绿色生态城市理论探索与系统模型构建 [J]．城市发展研究，2020，27（10）：1 – 8，140.

[11] 方创琳．中国新型城镇化高质量发展的规律性与重点方向 [J]．地理研究，2019，38（1）：13 – 22.

[12] 封志明，李鹏．承载力概念的源起与发展：基于资源环境视角的讨论 [J]．自然资源学报，2018，33（9）：1475 – 1489.

[13] 冯奎，贾璐宇．我国绿色城镇化的发展方向与政策重点 [J]．经济纵横，2016（7）：27 – 32.

[14] 高红贵，汪成．略论生态文明的绿色城镇化 [J]．中国人口·资源与环境，2013（23）：12 – 15.

[15] 高珮义．中外城市化比较研究（增订版）[M]．天津：南开大学出版社，2004：2.

[16] 辜胜阻，李行，吴华君．新时代推进绿色城镇

化发展的战略思考 [J]. 北京工商大学学报 (社会科学版), 2018, 33 (4): 107 - 116.

[17] 顾剑华, 李梦, 杨柳林. 中国低碳绿色新型城市化系统耦合协调度评价及时空演进研究 [J]. 系统科学学报, 2019, 27 (4): 86 - 92.

[18] 郭叶波. 城镇化质量的本质内涵与评价指标体系 [J]. 学习与实践, 2013 (3): 13 - 20.

[19] 洪大用. 绿色城镇化进程中的资源环境问题研究 [J]. 环境保护, 2014, 42 (7): 19 - 23.

[20] 胡必亮. 论 "六位一体" 的新型城镇化道路 [N]. 光明日报, 2013 - 07 - 01.

[21] 黄安胜, 徐佳贤. 工业化、信息化、城镇化、农业现代化发展水平评价研究 [J]. 福州大学学报 (哲学社会科学版). 2013, 27 (6): 28 - 33.

[22] 黄飞飞, 张小林, 余华, 等. 基于空间自相关的江苏省县域经济实力空间差异研究 [J]. 人文地理, 2009 (6): 84 - 89.

[23] 黄良伟, 李广斌, 王勇. "时空修复" 理论视角下苏南乡村空间分异机制构演化理论 [J]. 城市发展研究, 2015, 22 (3): 108 - 112, 118.

[24] 简新华, 何志扬, 黄锟. 中国城镇化与特色城镇化道路 [M]. 济南: 山东人民出版社, 2010: 1 - 2.

[25] 李发志，朱高立，侯大伟，季余佳，朱超，孙华．江苏城镇化发展质量时空差异分析及新型城镇化发展分类导引 [J]．长江流域资源与环境，2017，26 (11)：1774 – 1783．

[26] 李连发，王劲峰．地理空间数据挖掘 [M]．北京：科学出版社，2014：42 – 47．

[27] 李明泽．中国绿色城镇化发展研究——以中证绿色城镇化指数为视角 [J]．社科纵横，2014，29 (11)：49 – 51．

[28] 李恕洲，何刚，余保华．安徽省城市生态承载力多维测度及空间差异分析———基于绿色城镇化视角 [J]．安徽农业大学学报（社会科学版），2017，26 (4)：36 – 41．

[29] 李松霞，吴福象．重大公共突发事件下我国城市防控能力空间分异及应对机制研究 [J]．软科学，2021，35 (7)：45 – 50．

[30] 李松霞，张军民．新疆城市化发展质量时空分异规律研究 [M]．北京：经济科学出版社，2017．

[31] 李松霞，张军民．新疆"丝绸之路"沿线城市带空间关联性研究 [J]．城市问题，2016 (5)：20 – 26．

[32] 李为，伍世代．绿色化与城镇化动态耦合探析——以福建省为例 [J]．福建师范大学学报（哲学社会科学

版），2016（4）：1-8.

[33] 李晓燕.中原经济区新型城镇化评价研究——基于生态文明视角 [J].华北水利水电大学学报，2015（4）：69-73.

[34] 李裕瑞，王婧，刘彦随，等.中国"四化"协调发展的区域格局及其影响因素 [J].地理学报，2014，69（2）：199-212.

[35] 李佐军，盛三化.建立生态文明制度体系推进绿色城镇化进程 [J].经济纵横，2014（1）：39-43.

[36] 梁振民.新型城镇化背景下的东北地区城镇化质量评价研究 [D].长春：东北师范大学，2014.

[37] 刘肇军.贵州生态文明建设中的绿色城镇化问题研究 [J].城市发展研究，2008，15（3）：96-99.

[38] 罗勇.城镇化的绿色路径与生态指向 [J].辽宁大学学报（哲学社会科学版），2014，42（6）：84-89.

[39] 罗勇.美丽中国梦从绿色转型起步 [N].中国经济时报，2013-08-01.

[40] 孟斌，王劲峰，张文忠，等.基于空间分析方法的中国区域差异研究 [J].地理科学，2005，25（4）：11-18.

[41] 莫神星，张平.新型城镇化绿色发展面临的几个

重要问题及应对之策［J］．兰州学刊，2021（1）：152 - 167.

［42］倪鹏飞．新型城镇化的基本模式、具体路径与推进对策［J］．江海学刊，2013（1）：87 - 94.

［43］牛文浩．申淑虹．张蚌蚌．中国乡村振兴 5 个维度耦合协调空间格局及其影响因素［J］．中国农业资源与区划，2021，42（7）：218 - 231.

［44］潘树荣等．自然地理学（第二版）［M］．北京：高等教育出版社，1985.

［45］秦海旭，段学军，赵海霞，等．南京市资源环境承载力监测预警研究［J］．地理研究，2019，38（1）：13 - 22.

［46］任克强，聂伟．环境危机治理与绿色城镇化发展［J］．重庆社会科学，2014（8）：15 - 22.

［47］沈清基，顾贤荣．绿色城镇化发展若干重要问题思考［J］．建设科学，2013（5）：50 - 53.

［48］盛广耀．城市化模式及其转变研究［M］．北京：中国社会科学出版社，2008：104 - 108.

［49］石恩名，刘望保，唐艺窈．国内外社会空间分异测度研究综述［J］．地理科学进展，2015，34（7）：818 - 829.

［50］宋慧琳，彭迪云．绿色城镇化测度指标体系及

其评价应用研究——以江西省为例 ［J］. 金融与经济,
2016 (7)：4 – 9, 15.

［51］孙久文, 闫昊生. 城镇化与产业化协同发展研
究 ［J］. 中国国情国力, 2015 (6)：24 – 26.

［52］藤田昌久, 克鲁格曼, 维纳布尔斯. 空间经济
学 ［M］. 梁琦, 译. 北京：中国人民大学出版社, 2012：
1 – 201.

［53］田文富.“产城人”融合发展的绿色城镇化模
式研究 ［J］. 学习论坛, 2016, 32 (3)：37 – 39.

［54］汪泽波. 陆军. 王鸿雁. 如何实现绿色城镇化
发展？——基于内生经济增长理论分析 ［J］. 北京理工大
学学报 (社会科学版), 2017, 19 (3)：43 – 56.

［55］王凯, 陈明. 中国绿色城镇化的认识论 ［J］.
城市规划学刊, 2021 (1)：10 – 17.

［56］王淑佳, 孔伟, 任亮, 治丹丹, 戴彬婷. 国内
耦合协调度模型的误区及修正 ［J］. 自然资源学报,
2021, 36 (3)：793 – 810.

［57］王新文. 城市化发展的代表性理论综述 ［J］.
中共济南市委党校济南市行政学院济南市社会主义学院学
报, 2002 (1)：25 – 29.

［58］王远飞, 何洪林. 空间数据分析方法 ［M］. 北
京：科学出版社, 2007：110 – 119.

［59］王远飞，何洪林．空间数据分析方法［M］．北京：科学出版社，2007：20-30．

［60］魏后凯，张燕．全面推进中国城镇化绿色转型的思路与举措［J］．经济纵横，2011（9）：15-19．

［61］魏后凯．新型城镇化建设要以提高质量为导向［N］．人民日报，2019-04-19．

［62］温鹏飞，刘志坚，郭文炯．绿色城镇化国内研究综述［J］．经济师，2016（11）：60-63．

［63］邬彩霞．绿色城镇化发展的国际经验及借鉴意义［J］．中国统计，2015（11）：54-56．

［64］吴振山．大力推进"绿色城镇化"［J］．宏观经济管理，2014（4）：32-33．

［65］肖金成，王丽．"一带一路"倡议下绿色城镇化研究［J］．环境保护，2017，45（6）：25-30．

［66］新型城镇化建设课题组．走绿色城镇化道路——新型城镇化建议之五［J］．宏观经济管理，2014（8）：37，41．

［67］熊德平．农村金融与农村经济协调发展研究［M］．北京：社会科学文献出版社，2009：43-54．

［68］徐建华．计量地理学［M］．北京：高等教育出版社，2006：120-122．

［69］徐维祥，张凌燕，刘程军，李露，张一驰．绿

色城镇化的空间演化特征及动力机制——以长三角城市群为例 [J]. 浙江工业大学学报 (社会科学版), 2016, 15 (4): 361 – 368.

[70] 许学强, 周一星, 宁越敏. 城市地理学 [M]. 北京: 高等教育出版社, 1996.

[71] 杨慧. 空间分析与建模 [M]. 北京: 清华大学出版社, 2013: 143 – 152.

[72] 杨振山, 程哲, 李梦垚, 林静. 绿色城镇化: 国际经验与启示 [J]. 城市与环境研究, 2018 (1): 65 – 77.

[73] 叶裕民. 中国城镇化之路——经济支持与制度创新 [M]. 北京: 商务印书馆, 2001: 186 – 187.

[74] 岳文海. 新型城镇化发展的依据、作用及政策——以河南省为例 [J]. 学习月刊, 2013 (22): 20 – 21.

[75] 张敦富. 区域经济学原理 [M]. 北京: 中国轻工业出版社, 1999.

[76] 张贡生. 中国绿色城镇化: 框架及路径选择 [J]. 哈尔滨工业大学学报 (社会科学版), 2018, 20 (3): 123 – 131.

[77] 张晶, 张哲思. 我国绿色城镇化的路径探索 [J]. 环球人文地理, 2014 (22): 120 – 121.

[78] 张沛, 董欣, 侯远志, 等. 中国城镇化的理论与实践: 西部地区发展研究与探索 [M]. 南京: 东南大学

出版社，2009.

［79］张永生．基于生态文明推进中国绿色城镇化转型——中国环境与发展国际合作委员会专题政策研究报告［J］．中国人口·资源与环境，2020，30（10）：19－27.

［80］周亮，车磊，周成虎．中国城市绿色发展效率时空演变特征及影响因素［J］．地理学报，2019，74（10）：2027－2044.

［81］邹荟霞，刘凯，任建兰．山东省绿色城镇化时空格局演变［J］．世界地理研究，2017，26（5）：78－85.

［82］邹荟霞，任建兰，刘凯．中国地级市绿色城镇化时空格局演变［J］．城市问题，2018（7）：13－20.

［83］Anselin L，Rey S，Montouri B. Regional Income Convergence：A Spatial Econometric Perspective［J］. Regional Studies，1991，33（2）：112－131.

［84］Anselin L. Local Indicators of Spatial Association － LISA［J］. Geographical Analysis，1995，27（2）：93－115.

［85］Anselin L. The Future of Spatial Analysis in the Social Sciences［J］. Geographic Information Sciences，1999，5（2）：67－76.

［86］Berry J L，Kasarda J D. Contemporary urbanecology [M]. New York: Macmillan Publishing Co, 1977.

[87] Christine H, Cecil K van den B. Challenges and strategies for urban green-space planning in cities undergoing densification: A review [J]. Urban Forestry and Urban Greening, 2015 (4): 760 – 771.

[88] Ebenezer Howard. Tomorrow: A Peaceful Path to Real Reform [M]. Swan Sonnenschein, 1898.

[89] Essner S F, Anselin L, Baller R D, et al. The Spatial Patterning of County Homicide Rates: An Application of Exploratory Spatial Date Analysis [J]. Journal of Quantitative Criminology, 1999, 15 (4): 423 – 450.

[90] Gandy M. The ecological facades of Patrick Blanc [J]. Architectural Design, 2010 (3): 28 – 33.

[91] Hampson R E, Simeral J D, Deadwyler S A. Distribution of Spatial and Nonspatial Information in Dorsal Hippocampus [J]. Nature, 1999, 402 (6762): 610 – 614.

[92] Herrmann, M. The Challenge of Sustainable Development and the Imperative of Green and Inclusive Economic Growth [J]. Modern Economy, 2014, 5 (2): 113 – 119.

[93] Jiaying T, Wei Z, Xianguo W, et al. Overcoming the barriers for the development of green building certification in China [J]. Journal of Housing and the Built Environment,

2016, 31 (1): 69 –92.

[94] Lawler, J J, D J Lewis and E Nelson, et al. Projected Land-use Change Impacts on Ecosystem Services in the United States [J]. Proceedings of the National Academy of Sciences of the United States of America 2014, 111 (20): 7492 –7497.

[95] Nessa W, Montserrat P E. Sustainable Housing in the Urban Context: International Sustainable Development Indicator Sets and Housing [J]. Social Indicators Research, 2008 (2): 211 –221.

[96] OECD. Green Growth in Stockholm, Sweden [M]. OECD Publishing, 2013b.

[97] O N Yanitsky. The Ecological Movement in Post-totalitarian Russia: Some Conceptual Issues [J]. Society and Natural Resources, 1996, 9 (1): 65 –76.

[98] Perino, G, B Andrews and A Kontoleon, et al. The Value of Urban Green Space in Britain: A Methodological Framework for Spatially Referenced Benefit Transfer [J]. Environmental and Resource Economics, 2014, 57 (2): 251 –272.

[99] Qureshi, S, J H Breuste and C Y Jim. Differential Community and the Perception of Urban Green Spaces and Their

Contents in the Megacity of Karachi, Pakistan [J]. Urban Ecosystems, 2013, 16 (4): 853 – 870.

[100] Richard R. Ecocity Berkeley: Building Cities for a Healthy Future [M]. CA: North Atlantic Books, 1987.

[101] Turvey, R A. Researching Green Development and Sustainable Communities in Small Urban Municipalities [J]. International Journal of Society Systems Science, 2015, 7 (1): 68 – 86.

[102] WCED. Our Common Future [M]. Oxford: Oxford University Press, 1987.

后　　记

　　本书是我博士毕业以后进入南京大学博士后流动站出版的第一本专著，也是对以往所有城市化相关研究成果的总结和积累。

　　感谢南京大学理论经济学/应用经济学博士后流动站对本书出版的支持。感谢江苏高校哲学社会科学研究基金重大项目：江苏绿色城镇化空间分异格局及协调发展机理研究（编号：2019SJZDA057）对本书出版的资助。感谢经济科学出版社责任编辑对本书出版的鼎力相助。

　　博士毕业已六年有余，忙于工作和科研，在本书的撰写过程中发现自己对城镇化的研究尚需继续深入，知识面有待进一步拓展，学海无涯，还要广阅群书方能取得更多的成果，用所学知识为社会培养更多的人才。目前新冠肺炎疫情进入常态化，城市作为人口、政治、经济、产业、教育、金融等集聚的中心，作为21世纪社会进步和经济发展的主战场，2050年将有90%以上人口居住在城市。

随着人口大量涌入和社会结构变化日趋复杂，越来越多重大公共突发事件将会以大城市为起点向全球蔓延。疫情的暴发引发新的城市危机，在经历了较大的防控压力后，面对未来城市风险和危机的管控及处理，需要进一步探寻新的城市发展路径，提升应对突发重大公共卫生事件的能力和水平，利用数字经济、网络科学和网络治理，提高城市韧性，推动城市治理体系和治理能力现代化。

李松霞

2021 年 10 月